D'ÉLECTRICITÉ PRATIQUE

BIBLIOTHÈQUE DES ACTUALITÉS INDUSTRIELLES : N° 66

CATÉCHISME
D'ÉLECTRICITÉ PRATIQUE

PREMIÈRES LEÇONS A LA PORTÉE DE TOUS

ÉLECTRICITÉ STATIQUE — MAGNÉTISME — UNITÉS ET MESURES
PILES — ACCUMULATEURS
MACHINES DYNAMO ET MAGNÉTO-ÉLECTRIQUES
LAMPES ET ÉCLAIRAGE — TÉLÉPHONIE — SONNERIES

PAR

ERNEST SAINT-EDME

Ancien Professeur de Physique à l'École Turgot.

Avec 73 Figures dans le texte.

PARIS

BERNARD TIGNOL, ÉDITEUR

53 bis, QUAI DES GRANDS-AUGUSTINS, 53 bis

CATÉCHISME
D'ÉLECTRICITÉ PRATIQUE

PREMIÈRE PARTIE

CHAPITRE I

Généralités sur l'électricité statique.

1. D. *Quelle est l'origine de l'électricité ?*

R. Elle est la même que celle de la chaleur et de la lumière : le *mouvement vibratoire*. Les différentes actions mécaniques, physiques, chimiques, déterminant ce mouvement, seront donc des causes productrices d'électricité. L'électricité peut se maintenir à la surface des corps pour s'en décharger subitement en produisant des commotions, des étincelles; elle est dite à l'état statique. Elle se produit aussi sous l'influence des actions momentanées : frottement, percussion, etc. A l'état dynamique, l'électricité décrit avec la plus grande vitesse les circuits les plus longs et détermine, à leurs extrémités, des effets chimiques, magnétiques; elle est produite par les actions continues. Comme pour la chaleur, les corps se divisent en *bons et mauvais conducteurs*, mais l'ordre de conductibilité n'est pas le même. La terre, conducteur par excellence, est dite le *réservoir commun*. On *isole* un conducteur en le séparant de la terre par un mauvais conducteur.

Fig. 1. — Machine électrique de Van Marum.

2. D. *Quelle est la distribution de l'électricité dans les corps ? Qu'est-ce que la tension électrique ?*

La figure 1 indique un premier modèle de Van Marum ; le verre PP', animé par la manivelle E, est frotté en G et influence les peignes a, a', qui chargent le récepteur sphérique A ; les colonnes H, I sont les isolateurs.

R. L'électricité se maintient toujours à la surface des corps; elle s'y maintient, non en raison de la pression de l'air, mais de sa non-conductibilité, quand il est privé de vapeur d'eau. La *tension électrique* est la force avec laquelle l'électricité accumulée à la surface d'un corps tend à vaincre la résistance de l'air. Si le corps se termine en pointe, cette tension devient assez forte pour vaincre la résistance de l'air; l'électricité semble s'écouler dans l'air: d'où ce que l'on nomme le *pouvoir des pointes*, utilisé pour les paratonnerres.

3. D. *Que faut-il entendre par les deux espèces d'électricités?*

R. Dans l'état actuel de la science, on ne peut admettre l'existence de deux espèces d'électricités, mais on constate la manifestation de deux *états* électriques pour les corps. Si deux corps sont frottés, l'un *gagne* en électricité et l'autre *perd*. Le premier est électrisé en *plus* ou *positivement* (+), l'autre en *moins* ou *négativement* (—): en réunissant les deux corps, on obtient l'état *zéro*. Deux corps électrisés de même nom se repoussent; ils s'attirent s'ils le sont de noms contraires.

4. D. *Comment un corps électrisé agit-il à distance sur un corps à l'état neutre?*

R. Les molécules du corps influencé sont d'abord à l'état neutre; elles possèdent donc les deux fluides positif et négatif à saturation. La source électrisée étant positive, le fluide négatif s'oriente vers elle et celui positif en sens inverse: à l'extrémité qui regarde la source agira donc la résultante des actions négatives et, à l'autre, celle des actions positives. Les électricités n'ont pas été séparées aux extrémités du corps, mais seulement orientées ou *polarisées*. Si l'on met le corps influencé en communication avec la terre en un *point quelconque*, l'électricité positive est dérivée dans le

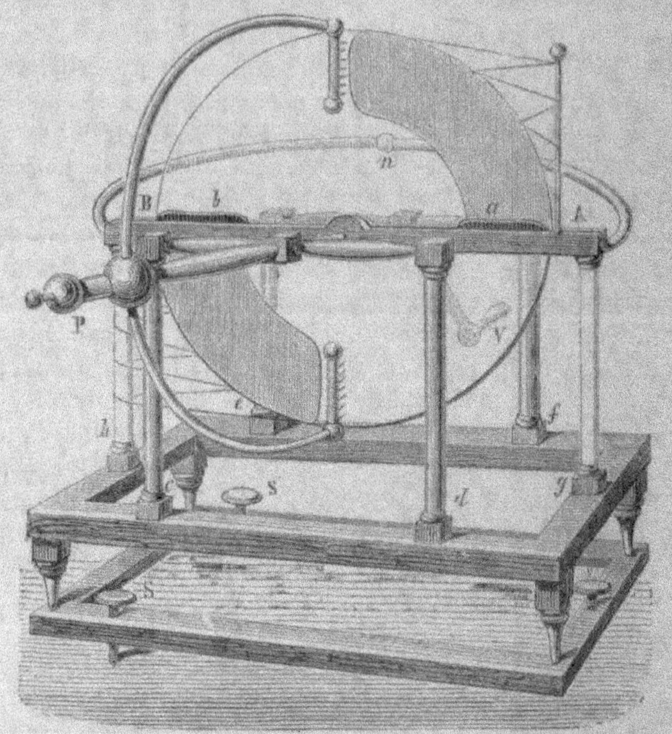

Fig. 2. — Machine électrique, type perfectionné.

sol, repoussée qu'elle est par celle de la source ; et, si

La figure 2 représente la même machine dont les deux parties du disque de verre sont enveloppées d'étoffe isolante pour éviter la déperdition de l'électricité dans l'air ; c'est ainsi que l'on a augmenté la puissance d'effet de ces machines. La machine est montée sur un socle à vis calantes S. S. Les isolants sont en *d*, *f*, *h*, les frotteurs en *a* et *b* ; V est la manivelle, et P le récepteur.

l'on supprime en même temps le générateur et la communication à la terre, le corps primitivement polarisé reste électrisé négativement, c'est-à-dire de *nom contraire* à la source qui l'influençait.

Les appareils fondés sur l'influence qui servent à reconnaître l'état électrique des corps se nomment : *électroscopes, électromètres*, etc.

5. D. *Quelles sont les sources d'électricité statique usitées ?*

R. Les *machines électriques* sont des sources électriques, en ce sens qu'elles transforment d'une manière continue le travail mécanique en électricité. Le *débit* d'une machine, c'est-à-dire la quantité d'électricité qu'elle peut produire dans l'unité de temps, dépend exclusivement de la vitesse du mouvement que l'on imprime au moteur. Les *piles* sont donc des sources plus parfaites que les machines, parce qu'elles reproduisent instantanément l'électricité qu'on leur emprunte : le mouvement résultant des actions chimiques étant singulièrement plus rapide que celui que l'on peut imprimer mécaniquement aux machines électriques.

Les anciennes machines consistent essentiellement en deux corps qui se frottent et en des conducteurs isolés sur lesquels s'accumule l'électricité développée par influence. Otto de Guéricke électrisait à la main un globe de soufre mis en mouvement ; Winckler remplaçait la main par des coussins de cuir ; Nollet employait un plateau de verre ; Ramsden construisit le modèle que l'on connaît actuellement. Les figures 1, 2 et 3 représentent les machines électriques des types les plus usités.

6. D. *Quel phénomène se produit-il quand deux conducteurs sont séparés par un corps isolant ?*

R. Quand deux conducteurs sont séparés par un isolant, l'un étant mis en relation avec un générateur d'électricité et l'autre avec le sol, les électricités ne restent pas sur les conducteurs, mais elles se portent sur les faces de l'isolant. C'est ce fait que met en évidence l'expérience bien connue de la *bouteille à armatures mobiles*, dite de Franklin.

De ce premier fait résulte le second, qui consiste en

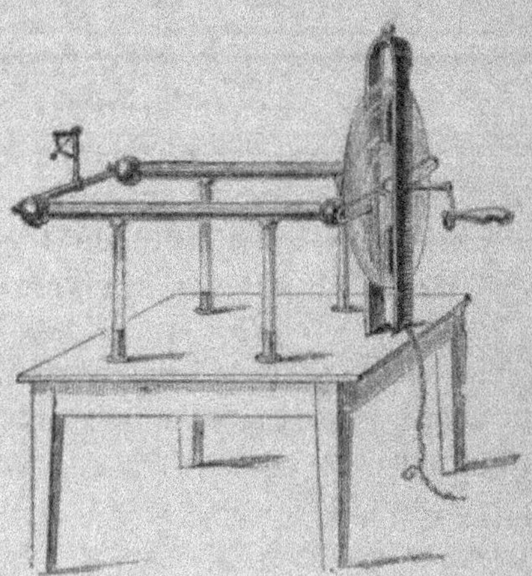

Fig. 3. — Machine électrique simple.

la *condensation* des électricités positive et négative sur les faces du corps isolant. Ces accumulations successives ont lieu en raison des vides que les influences électriques produisent sur les conducteurs, dont l'un est en relation avec le générateur d'électricité et

---

La figure 3 représente la machine usuelle, avec l'électromètre à cadran monté sur son conducteur, quand on emploie la machine à charger un condensateur.

l'autre avec le sol. En raison de l'épaisseur du corps
isolant, il reste toujours une certaine quantité d'électricité libre sur le plateau du condensateur qui touche
le générateur ; ce qui fait, qu'après un certain temps, la
somme des électricités libres possède une tension suf-

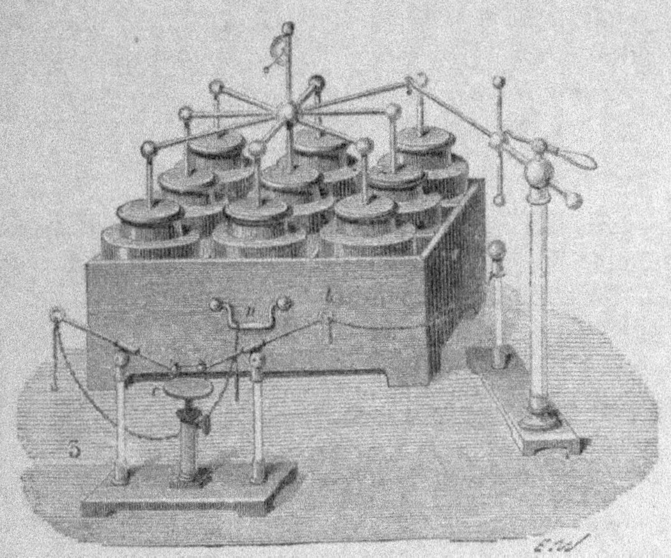

Fig. 4. — Batterie de Leyde.

fisante pour équilibrer celle de la source. Alors, on a
atteint la *limite de charge* du condensateur. L'idéal,
pour un condensateur, est de pouvoir disposer d'un
verre aussi résistant que possible au passage de l'électricité sous la plus petite épaisseur ; sinon, la tension

---

La figure 4 représente la batterie en pleine charge mesurée par
l'écart de l'électromètre.

électrique peut vaincre cette résistance et l'étincelle éclate à travers l'isolant.

On constitue un condensateur en séparant deux surfaces conductrices par une lame isolante. Deux lames métalliques, séparées par une lame d'air, forment condensateur; on peut les séparer par une couche de vernis, comme le faisait Volta. On peut coller deux feuilles métalliques sur les deux faces d'un verre, on aura le carreau fulminant. La forme la plus usuelle est celle connue sous le nom de bouteille de Leyde. Une batterie (fig. 4) est une réunion de grandes bouteilles ou *jarres* dont les armures de même nom sont réunies ensemble. On a, en somme, une bouteille dont la surface est égale à la somme des surfaces partielles des différentes bouteilles qui forment la batterie.

Les effets produits par l'électricité à l'état statique sont de plusieurs ordres : mécaniques, physiques, chimiques, physiologiques.

CHAPITRE II

Magnétisme.

7. D. *Qu'est-ce que le magnétisme? Que nomme-t-on un aimant?*

R. Le magnétisme n'est pas un agent particulier; c'est une manifestation spéciale de l'électricité. En effet, on produit les phénomènes magnétiques à l'aide des courants électriques et, actuellement, l'électricité à haute tension ne s'obtient industriellement qu'à l'aide des machines qui utilisent le magnétisme comme générateur d'électricité.

La matière magnétique, nommée *aimant naturel*, est l'oxyde de fer (Fe^3O^4); il est très répandu dans la nature.

Le magnétisme n'étant qu'une manifestation de l'électricité, tous les corps peuvent être *aimantés* aussi bien qu'ils sont susceptibles d'être électrisés; mais

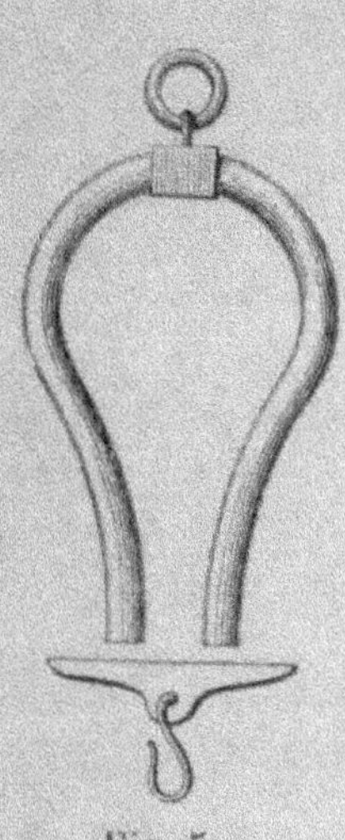

Fig. 5.
Aimant artificiel.

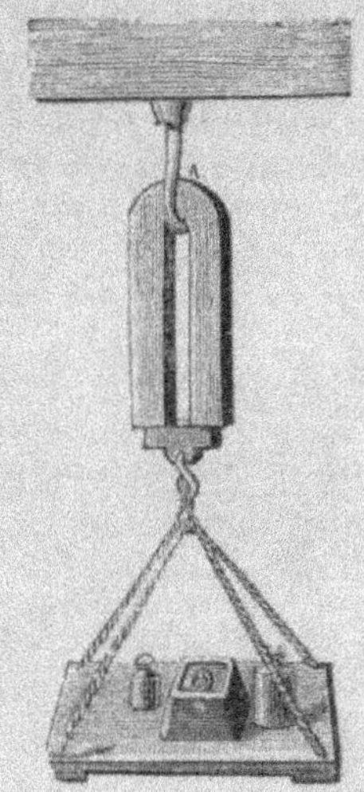

Fig. 6. — Mesure
de la force d'un aimant.

quelques-uns peuvent seuls manifester l'état magnétique d'une façon énergique et surtout constante. Le fer, le nickel, le cobalt sont essentiellement aptes à prendre l'état magnétique, mais ces métaux purs prennent et perdent cet état avec la plus grande rapidité. Leurs combinaisons avec l'azote, le carbone, ou avec ces deux corps simultanément, conservent énergiquement l'état magnétique. Les aimants, dits *artificiels*, que l'on emploie en physique, sont des barreaux d'acier (fer carburé, ou fer azoté, ou fer azoto-carburé); et comme l'état physique est très important à considérer, il faut que le métal soit d'une trempe excellente.

8. D. *Quelles sont les propriétés de l'aimant ?*

R. Abandonné à lui-même, l'aimant prend une direction fixe qui est sensiblement celle *nord-sud* (l'aimant aura la forme d'un barreau cylindrique ou prismatique ou celle d'un losange allongé). Les *pôles* sont les extrémités regardant les pôles terrestres.

On reconnaît que la puissance magnétique ne s'exerce

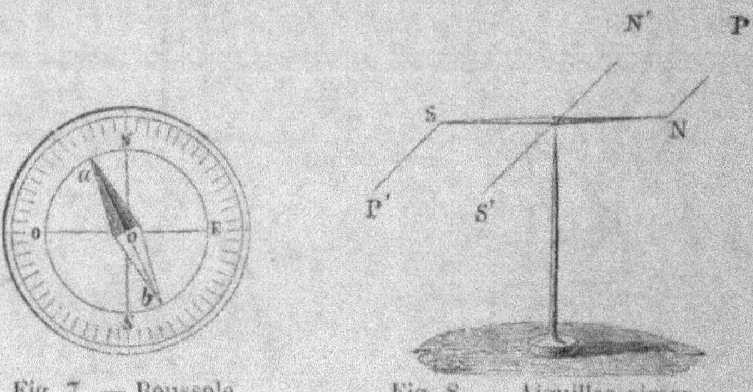

Fig. 7. — Boussole.   Fig. 8. — Aiguilles aimantées libres.

qu'aux extrémités de l'aimant, et non à la partie médiane, qui porte de ce fait le nom de *ligne neutre*.

Présentant un aimant fixe à un aimant mobile, on constate que : les pôles de même nom se repoussent ; ceux de noms contraires s'attirent.

9. D. *Comment s'obtient l'aimantation ?*

R. Une substance magnétique subit par influence l'action du pôle d'un aimant, comme la matière neutre s'influence à l'approche d'un pôle électrique ; la polarisation s'effectue de la même manière. On aimante simplement en frottant la matière neutre avec le pôle d'un aimant, en ayant soin d'agir toujours dans le même sens; sinon, par le retour en sens inverse, on détruirait l'effet.

On nomme force coercitive celle qui réunit les fluides de noms contraires; elle est forte chez l'acier et ses congénères et elle est nulle chez le fer pur, que l'on nomme *fer doux*; celui-ci gagne et perd le magnétisme instantanément. Pour conserver leur puissance aux aimants, on doit garnir leurs pôles de masses de fer doux, que l'on nomme *armatures*; leur influence maintient la polarisation.

10. D. *Quelle est l'action de la terre? Qu'entend-on par la déclinaison et par l'inclinaison?*

R. La *déclinaison* est l'angle que forme l'axe de l'aiguille aimantée avec la méridienne astronomique. Elle est très variable d'un lieu à un autre. Dans un même lieu, elle subit des variations régulières qui sont séculaires, et d'autres qui dépendent de l'état électrique de l'air, qui se désignent sous le nom de perturbations.

La *boussole* permet de déterminer cette quantité indispensable pour la navigation.

L'*inclinaison* est l'angle que fait l'aiguille aimantée, soustraite à l'action de la pesanteur, avec l'horizon. Elle atteint un maximum de 90 degrés en deux points voisins des pôles terrestres : ce sont les *pôles magnétiques* terrestres; elle est nulle en une série de points que relie une courbe irrégulière voisine de l'équateur, et qui constitue l'équateur magnétique. La terre fait donc l'effet d'un aimant possédant ces deux pôles et sa ligne neutre. La ligne des pôles terrestres décrit un mouvement oscillatoire, dans une période séculaire, autour de l'axe terrestre ; d'où les variations de la déclinaison, d'où aussi l'irrégularité de courbe de l'équateur magnétique.

Les phénomènes d'aimantation par la terre établissent la réalité de l'aimant terrestre. Les fers couchés suivant l'axe magnétique s'aimantent, et, si on leur donne la force coercitive par un procédé quelconque, ils gardent cette aimantation.

CHAPITRE III

Unités et appareils de mesure.

11. D. *Sur quelles bases repose le système de mesures dit : centimètre-gramme-seconde, ou C.G.S.?*

R. Ce système repose sur la mesure des grandeurs électriques et magnétiques au moyen des rapports qui relient entre elles les unités, dites *fondamentales*, de *longueur*, de *masse* et de *temps*.

L'Association britannique et, plus tard, le Congrès international des électriciens (1881) ont adopté comme unités de :

Longueur.... le centimètre.
Masse........ le gramme.
Temps....... la seconde.

C'est pourquoi ce système a été désigné par le symbole C.G.S.

Les multiples ou sous-multiples, qui facilitent l'évaluation des mesures, s'établissent d'après les lois du système métrique ; il en est de même pour les unités de surface et de volume.

Le rapport de l'unité électro-magnétique d'électricité à l'unité électro-statique est de la nature d'une vitesse, qui se manifeste par la production d'une force ; or, on appelle *force* le produit de la masse d'un point ou d'un corps par son accélération, de telle sorte qu'on a :

$$F = MA,$$

formule dans laquelle :

F désigne la force,

M désigne la masse,

A désigne l'accélération.

12. D. *Quelles sont les unités de mesure actuellement adoptées en électricité?*

R. Les unités électro-magnétiques du système C.G.S. se déduisent des unités fondamentales géométriques et mécaniques. Mais, comme leur emploi conduirait à faire usage de nombres trop grands ou trop petits, on a adopté, *dans la pratique*, des unités qui sont des multiples ou des sous-multiples décimaux des unités C.G.S. ; puis, pour éviter toute confusion, on a donné à ces unités pratiques les noms spéciaux qui sont indiqués ci dessous.

13. D. *Qu'est-ce qu'une dyne?*

R. Une dyne est l'unité de force qui, agissant sur la masse d'un gramme, pendant une seconde, lui communique une vitesse d'un centimètre. Le poids d'un corps, ou l'attraction de la terre sur ce corps, varie suivant le lieu où l'on se trouve ; par conséquent, pour trouver le poids (en dynes), il faut multiplier la masse (évaluée en grammes) par *g*, en donnant à *g* la valeur correspondante à la latitude du lieu.

La valeur de la dyne, dans le système métrique, est, à Paris :

$$f = \frac{1}{99,088} = 0 \text{ gr. } 0010194.$$

En pratique, on considère la mégadyne $= 10^6$ dynes, ou 1019,4 grammes.

14. D. *Qu'est-ce que l'erg?*

R. C'est l'unité de travail ; on sait que le travail est le produit d'une force par la distance parcourue sous l'action de cette force. L'unité de travail est donc produite, en faisant parcourir l'unité de distance par l'unité de force, ou en faisant avancer un corps d'un centimètre sous une force d'une dyne. On la désigne sous le nom d'*erg*. Puisque le poids d'un gramme est 1×981, ou 981 dynes, le travail produit en élevant un gramme à 1 centimètre de hauteur est égal à g ergs, ou 981 ergs. Un kilogrammètre $= 100\,000\,(g)$ ergs.

L'énergie *cinétique* est le travail produit par un corps en vertu de son mouvement ; l'énergie ou *potentiel* est le travail d'un corps en vertu de sa position. L'unité d'énergie est aussi l'*erg*.

Le cheval-vapeur, étant égal à 75 kilogrammètres par seconde, vaut : $7,36 \times 10^9$ ergs par seconde $= 7,360$ millions ergs par seconde. L'énergie électrique équivalente est :

$$\frac{EC}{736} = \frac{C^2 R}{736} = \frac{E^2}{736\ R},$$

formules où E est exprimé en volts, C en ampères et R en ohms. Par conséquent, l'énergie électrique se calcule en multipliant la force électromotrice par la quantité d'électricité.

RÈGLE PRATIQUE : *Le travail du courant électrique exprimé en kilogrammètres, s'obtient en multipliant la différence de potentiel par la quantité d'électricité et en divisant le produit par l'accélération de la pesanteur.*

Si l'on cherche le travail du courant pendant 1 seconde, ou, en d'autres termes, la puissance du courant, on multipliera la différence de potentiel par l'intensité et l'on divisera le produit par l'accéléra-tion de la pesanteur : $\dfrac{EI}{g}$.

15. D. *Qu'est-ce que l'ohm ?*

R. C'est l'unité pratique de résistance,

L'ohm est représenté par une colonne de mercure de 1 millimètre carré de section et de 106 centimètres de longueur, à la température de la glace fondante. C'est à peu près la résistance d'un fil de cuivre pur de 1 millimètre de diamètre et de 48 mètres de longueur, ou encore celle d'un fil de fer de 4 millimètres de dia-mètre et de 100 mètres de longueur.

L'ohm est égal à 10^9 unités de résistance C.G.S.

Le mégohm $= 1$ million d'ohms; le microhm $= 1$ millième d'ohm.

16. D. *Qu'est-ce que l'ampère ?*

R. C'est l'unité pratique d'intensité.

L'ampère légal (Congrès de Paris, avril 1884) est le courant dont la mesure absolue est de 10^1 en unités électro-magnétiques C.G.S.

Dans l'industrie, sa valeur est généralement repré-sentée par la quantité d'argent qu'il dépose en 1 se-conde. D'après les récents calculs de Kohlrausch, cette quantité est de 1 milligr. 11888.

Un courant d'un ampère décompose 0 gr. 0000945 d'eau (H^2O) par seconde.

Le milliampère $= 1$ millième d'ampère.

17. D. *Qu'est-ce que le volt ?*

R. C'est l'unité pratique de force électromotrice.

Le volt est égal à 10^8 unités C.G.S. de force électro-motrice ; en d'autres termes, c'est la force électro-motrice qui produit un courant de 1 ampère dans un conducteur dont la résistance est de 1 ohm. Le volt est à peu près égal à la force électromotrice d'un élément Daniell ordinaire.

Loi d'Ohm :

$$\text{Courant} = \frac{\text{Force électromotrice}}{\text{Résistance}} \quad \text{ou} \quad C = \frac{E}{R}.$$

18. D. *Qu'est-ce que le coulomb ?*

R. C'est l'unité pratique de quantité.

Le coulomb est la quantité d'électricité qui traverse un conducteur pendant 1 seconde, lorsque l'intensité est de 1 ampère. Cette quantité est égale à 10^1 unités C.G.S.

Les expressions *ampère* et *coulomb* par seconde ont donc la même signification.

Dans la pratique des mesures industrielles, on emploie beaucoup l'*ampère-heure* : c'est la quantité d'électricité qui traverse un conducteur, pendant une heure, lorsque l'intensité du courant est de 1 ampère. Une ampère-heure vaut, par suite, 3600 coulombs.

19. D. *Qu'est-ce que le farad ?*

R. C'est l'unité pratique de capacité ; en d'autres termes, c'est la capacité qui renferme 1 coulomb d'électricité avec une force électromotrice de 1 volt. Le farad est égal à 29^9 unités C.G.S. de capacité, ou encore à la capacité définie par la condition qu'un coulomb la charge au potentiel d'un volt.

Le microfarad $= 10^{15}$ unités C.G.S. de capacité, ou un millionième de farad.

On peut remarquer que les unités de force électromotrice de quantité et de capacité se déduisent des deux autres, au moyen des relations suivantes :

$$E = IR,$$
$$Q = It,$$
$$C = \frac{Q}{E},$$

I désignant l'intensité ;

E désignant la force électromotrice ;

R désignant la résistance ;

Q désignant la quantité ;

t désignant le temps ;

C désignant la capacité.

Lorsque ces unités sont trop grandes ou trop petites, suivant les conditions dans lesquelles on se trouve, on les fait précéder de préfixes, qui désignent les multiples ou les sous-multiples de ces unités. Ainsi :

Méga signifie 1 000 000 de fois l'unité ;

Myria signifie 10 000 fois l'unité ;

Milli signifie $\dfrac{1}{1000}$ de fois l'unité ;

Micro signifie $\dfrac{1}{1000000}$ de fois l'unité.

Les grandes résistances s'expriment alors en *mégohms*, les petites en *microhms*; les grandes intensités en *myriampères*, les petites en *milliampères*; les grandes quantités en *myriacoulombs*, etc., etc.

20. D. *Qu'est-ce que le joule ?*

R. C'est la quantité de travail transformée en chaleur par le passage du courant : elle est égale au produit de la différence de potentiel par la quantité d'électricité $E \times Q$. C'est ce produit qui a reçu le nom de *volt-coulomb* ou de *joule*.

Le joule est égal à 10^7 unités C.G.S. de travail en ergs. C'est encore le travail exécuté ou la chaleur produite par un watt, dans une seconde, ou le travail exécuté ou la chaleur produite par un coulomb passant par une différence de potentiel de 1 volt. C'est donc bien la quantité de chaleur équivalant à 10^7 ergs. Si on prend l'équivalent joule = 42 000 000, c'est la chaleur nécessaire pour élever d'un degré centigrade 0 gr. 245 d'eau, d'où :

$$ECT = C^2RT = E^2T = EQ = joule.$$

Comme un cheval-vapeur est égal à 75 kilogrammètres par seconde, on a :

$$W = \frac{75}{736} EQ = 0{,}10191 \ EQ.$$

21. D. *Qu'est-ce que le watt ?*

R. C'est l'unité de puissance d'un courant dont l'intensité est de 1 ampère pour une différence de potentiel de 1 volt.

Le watt est égal à 10^7 unités C.G.S. de force.

De la définition même du joule, on peut en conclure que, pendant l'unité de temps, le travail produit est égal à $E \times I$, c'est-à-dire au produit de la différence de potentiel par l'intensité. Outre le nom de watt, on donne encore à ce produit le nom de *volt-ampère*.

Entre le joule (l'énergie) et le watt (la puissance), il existe une relation identique à celle qui relie l'unité de quantité à celle d'intensité. Ainsi :

$$Le \ joule = watt \times temps ;$$

d'où :

$$E \times C = C^2 \times R = E^2 = R \ watt,$$

et

$$\frac{E \times C}{736} = \frac{C^2 \times R}{736} = \frac{E^2}{736} = 1 \ cheval\text{-}vapeur.$$

Tableau des unités pratiques d'électricité.

DÉNOMINATIONS	UNITÉS DE	ÉQUIVALENTS EN UNITÉS C.G.S.	SYMBOLES
Ohm	Résistance ...	10^9	R
Ampère........	Intensité	10^1	C
Volt...... ...	F^{ce} électromotrice	10^8	E
Coulomb	Quantité	10^1	Q
Farad	Capacité	10^9	K
Joule.........	Chaleur ou travail	10^7	W
Watt	F ou puissance.	10^7	P

22. D. *Quelles sont les relations de l'équivalent mécanique de la chaleur avec les unités pratiques d'électricité ?*

R. La *calorie* est la quantité de chaleur nécessaire pour élever de 1 degré centigrade la température d'un kilogramme d'eau.

L'*équivalent mécanique de la chaleur*, c'est-à-dire la quantité de travail dont la dépense produit une calorie, est 424. Il faut donc 424 kilogrammètres pour élever d'un degré centigrade la température d'un kilogramme d'eau ; par réciprocité, la dépense d'une calorie exige 424 kilogrammètres.

Si, par exemple, il s'agissait de calculer la chaleur produite par un courant, il suffirait de diviser par 424 le nombre de kilogrammètres qui exprime le travail de ce courant. La quantité de calories sera donnée par l'une des relations :

$$C = \frac{EI}{g \times 424} \text{ ou } C = \frac{RI^2}{49 \times 92}.$$

Appareils de mesure.

23. D. *Comment mesure-t-on la résistance d'un circuit?*

R. Nous avons vu qu'il y avait, parmi les unités électriques, des quantités faibles et d'autres excessivement grandes; pour apprécier les relations qui rattachent entre elles ces diverses quantités, il faut donc, pour les premières, des instruments d'une délicatesse extraordinaire; pour les autres, des appareils très robustes. De plus, il y a différentes sortes de mesures qui correspondent à chacune des propriétés du circuit électrique : différence de potentiel, intensité, résistance, quantité et capacité.

Il y a une quantité d'instruments qui peuvent s'appliquer aux mesures de précision d'un ordre rigoureusement scientifique; d'autres, au contraire, s'appliquent aux besoins de l'industrie. Parmi ces derniers, les seuls dont nous puissions nous occuper, il faut distinguer ceux qui donnent la valeur des éléments électriques et ceux qui indiquent simplement l'existence d'un courant, tels que les *galvanomètres*, qui ont conservé leur ancienne dénomination. Il serait plus juste de les appeler *galvanoscopes*.

24. D. *Qu'est-ce que le potentiel?*

R. On a donné bien des définitions de la *différence de potentiel*, ou, plus simplement, du *potentiel*; elles sont généralement bien mauvaises, d'autant plus qu'on a coutume de les rapporter aux lois de l'hydrostatique.

Reprenons les expériences de Coulomb, qui a donné tout à la fois la définition et la mesure de l'électricité statique en *quantité*, en étendant la loi de l'attraction universelle, découverte par Newton, aux charges électriques. Cette loi (de Newton) peut s'exprimer ainsi :

La force agissant entre deux masses infiniment petites est dirigée suivant la ligne qui les joint : elle est proportionnelle au produit de ces masses.

L'expression mathématique de cette loi peut s'écrire ainsi :

$$F = h \frac{mm'}{d^2},$$

F désignant la force,

m et m' désignant les masses,

d désignant la distance,

h désignant le coefficient de proportionnalité.

Coulomb a démontré que l'électricité se porte à la surface des corps (c'est, d'ailleurs, une conséquence mathématique de sa loi) au moyen de l'expérience bien connue qui consiste à enlever toute la charge électrique d'une sphère électrisée, en la recouvrant de deux hémisphères. Il faut donc se représenter l'électricité comme une couche excessivement mince de fluide, répartie sur la surface du conducteur, suivant une épaisseur qui dépend, pour chaque point, de la forme géométrique de cette surface. S'il s'agit d'une sphère, elle est donc partout égale, en raison de la symétrie de ce solide.

Enlevons une partie de l'électricité répandue sur la sphère au moyen d'un disque de rayon beaucoup plus petit; puis, à l'aide d'un manche isolant, portons ce disque dans la balance de torsion, où un disque identique, à l'état neutre, est suspendu au levier mobile. Si nous mettons les deux disques en contact, la charge électrique se répartira sur eux, par parties égales, et comme ces disques seront chargés d'électricité de même nom, ils se repousseront avec une certaine force que la tension du fil équilibrera, en les maintenant à une distance déterminée.

Avec ces deux petits conducteurs, on réalise donc les conditions énoncées dans la loi : deux masses électriques $m = m' = x$, éloignées d'une distance d, qui se repoussent avec une force F, que la connaissance du coefficient de torsion du fil permettrait aisément d'exprimer.

Si nous supposons le coefficient $h = 1$, nous arriverions à la définition suivante : *L'unité de masse électrostatique est la quantité d'électricité qui, en agissant sur une quantité identique, placée à l'unité de distance, exerce une répulsion égale à l'unité de force.*

Quand on met une sphère électrisée en communication avec un long fil non électrisé et aboutissant à une autre sphère neutre, l'électricité suivra le fil et, instantanément, les deux sphères seront en *équilibre électrostatique*. Elles seront également électrisées à la condition qu'elles soient de même rayon ; dans le cas contraire, *les quantités d'électricité réparties sur chacune d'elles seront respectivement proportionnelles à leurs rayons.*

Il résulte de cette loi que si l'on charge séparément deux conducteurs sphériques avec des quantités d'électricité proportionnelles à leurs rayons et qu'on les mette ensuite en communication au moyen d'un fil, il n'y aura entre elles aucun échange d'électricité : la tendance à l'expansion électrique, ou *tension*, sera équivalente sur chacune des deux sphères.

Comme la charge totale M peut être mesurée en fonction des unités électriques ; comme le rayon R, d'une longueur variable, peut aussi être exprimé par un nombre, le quotient de ces deux nombres sera l'expression numérique, c'est-à-dire la mesure exacte de la tension :

$$V = \frac{M}{R}.$$

Or, ce quotient n'est autre chose que *le potentiel*. Par conséquent, on peut ainsi le définir :

Le potentiel électrique d'un conducteur sphérique électrisé est le quotient de sa charge par son rayon.

Ou bien encore :

L'unité de potentiel est le potentiel d'une sphère de rayon **un** *chargée de l'unité d'électricité.*

Pratiquement, on peut tirer des définitions précédentes le corollaire suivant :

Deux conducteurs sphériques, en communication lointaine, sont en équilibre électro-statique quand leurs potentiels électriques ont la même valeur et réciproquement. Le potentiel électrique d'un conducteur croît proportionnellement à la quantité d'électricité cédée (charge), et en raison inverse de la capacité du conducteur ; la charge totale se partage alors proportionnellement aux capacités des conducteurs (rayons sphériques équivalents).

Nous avons pris la sphère comme base de ces théories, parce que c'est la forme géométrique qui est la plus symétrique ; il en serait de même de tous les autres solides qui ont entre eux des rapports bien définis ; seulement les calculs deviennent un peu plus compliqués.

25. D. *Qu'est-ce qu'un galvanomètre ?*

R. Les galvanomètres sont des appareils dans lesquels on utilise les actions électro-magnétiques pour mesurer. soit l'intensité d'un courant (galvanomètres à gros fil), soit la différence de potentiel entre deux points d'un circuit (galvanomètres à fil fin). Le courant à mesurer passe dans un circuit fixe et dévie un aimant mobile, ou bien le courant traverse un circuit mobile placé dans un champ magnétique fixe et c'est ce circuit qui est dévié; dans les deux cas, la déviation de la partie mobile de l'appareil est fonction de l'intensité du courant et lui sert de mesure. Il existe actuellement un assez grand nombre d'instruments de ce genre; dans la plupart, l'expression mathématique de la loi de déviation est inconnue et doit être déterminée empiriquement; dans quelques-uns, la loi de déviation est connue et l'intensité du courant peut être déduite de la déviation de l'aiguille et des dimensions de l'appareil.

Fig. 9. — Galvanomètre astatique.

Les galvanomètres, quelquefois appelés *multiplicateurs* ou *rhéomètres*, furent d'abord construits par Schweigger, à la suite des expériences d'Œrsted. Les forces magnétiques terrestres tendent à maintenir l'aiguille aimantée dans la direction du pôle magnétique; si donc il n'existe pas de courant, ou s'il est trop faible, l'aiguille restera toujours dans la même position; si, au contraire, le courant est supérieur aux forces antagonistes qui maintiennent l'aiguille dans sa direction primitive, il y aura dérivation, suivant l'intensité du courant.

Si on replie plusieurs fois le fil conducteur du courant de manière à former un circuit multiple, rectangulaire et vertical, au centre duquel l'aiguille est suspendue par un fil de soie, on a donc multiplié l'action du courant, jusqu'à une *certaine limite* ; car l'intensité du courant diminue, si sa longueur augmente, et, par suite, la résistance du circuit qu'il parcourt.

Nobili perfectionna l'instrument en faisant agir le circuit, non plus sur une seule aiguille, mais sur un système astatique de deux aiguilles, l'une intérieure au cadre, l'autre extérieure, et reliées entre elles de manière à ne pouvoir tourner l'une sans l'autre.

D'après les lois d'Ampère, le courant n'agit pas de la même façon sur les deux aiguilles ; il tend à ramener l'un des pôles en avant, tandis que l'autre est repoussé en sens inverse ; par suite, l'action résultante du circuit complet augmente l'effet du courant ; de plus, l'avantage principal du système astatique est de *diminuer*, dans de fortes proportions, quelquefois même d'*annuler* l'action des forces magnétiques terrestres.

Le galvanomètre ordinaire, à *deux aiguilles*, est soustrait aux influences extérieures par une solide cage en verre. Le socle de l'appareil est formé par un disque de cuivre ou de laiton qu'on peut équilibrer au moyen de trois vis calantes ; au-dessus, se trouve un plateau circulaire, de même métal, fixé sur un cadre de cuivre rouge, presque aussi large que les aiguilles sont longues. Sur ce cadre, s'enroule plusieurs fois un fil de cuivre rouge, isolé avec de la soie. Les extrémités de ce fil arrivent à des bornes qui reçoivent les rhéophores du courant à analyser. Au-dessus du cadre, se trouve un cercle divisé, également en cuivre rouge, fendu suivant un diamètre parallèle à la direction du fil enroulé par-dessous. La fente correspond au zéro de la graduation et s'étend, des deux côtés, depuis 0 jusqu'à 90°.

Sur les côtés du cadre, deux colonnes sont encastrées : elles portent une vis de rappel qui soutient, à l'aide d'un fil de soie très fin, un système astatique de deux aiguilles. L'une, placée au-dessus du cercle, sert à indiquer les déviations; l'autre se trouve dans l'intérieur du circuit; c'est pour qu'on puisse l'y introduire qu'on a pratiqué une fente dans le cercle métallique : une semblable ouverture existe entre les fils du circuit, au-dessous du cercle gradué.

Lorsqu'un galvanomètre est bien horizontal, ce que l'on peut toujours obtenir en manœuvrant convenablement les vis calantes, on l'oriente, c'est-à-dire qu'on place le 0 de la graduation dans la direction du méridien magnétique. Il suffit de faire tourner le plateau sur son support jusqu'à ce que l'extrémité de l'aiguille, qui a toujours une direction de constante, en l'absence de courants, coïncide avec le zéro. On fixe alors le cadre de l'instrument au moyen d'une pince d'arrêt, commandée par une vis de friction. Dès lors, on peut faire passer le courant à étudier : à l'instant où il commence à passer, les aiguilles sont brusquement écartées de leur position d'équilibre et font plusieurs tours sur elles-mêmes. Cette rotation folle peut être évitée en plaçant, de chaque côté de la division 90, deux petites bornes contre lesquelles vient buter l'aiguille supérieure. L'aiguille ne tarde pas à se fixer sur une division, et il est ensuite facile de lire directement l'angle de déviation.

Comme le galvanomètre ordinaire ne pourrait pas mesurer les courants de grande intensité, on obvie à cet inconvénient au moyen des *shunts* : le shunt est une résistance métallique graduée en multiples de celle de l'instrument. De cette façon, on peut n'envoyer dans l'appareil, *par dérivation*, que la dixième, la centième ou la millième partie du courant à mesurer. On tient compte, après lecture, de cette partie d'énergie électrique mise en réserve et on l'ajoute dans les résultats du calcul final. L'appareil est alors apte à mesurer des courants dix fois, cent fois et mille fois plus forts que sa construction ne le permettrait, dans les conditions ordinaires.

Fig. 10. — Voltmètre.

26. D. *Qu'est-ce que le voltmètre?*

R. Les *voltmètres* ou les *potentiomètres* sont des galvanomètres d'assez grande résistance — 1800 à 3000 ohms — pour pouvoir être placés en déviation entre deux points d'un circuit, sans troubler sensiblement le régime du circuit. Pour déterminer la constante d'un voltmètre, on peut le mettre en déviation, lorsque deux points comprennent entre eux une résistance connue.

On fait varier l'intensité dans le circuit donné et l'on calcule, pour chaque valeur, la différence de potentiel

aux bornes du voltmètre. On peut tracer une courbe qui
permet de voir entre quelles limites les déviations de l'appareil sont proportionnelles aux intensités. On peut également employer la méthode voltamétrique, ou mettre
en déviation aux points-limites, en même temps qu'un

Fig. 11. — L'ampèremètre.

premier voltmètre, un voltmètre-étalon (boussole des
tangentes de grande résistance).

27. D. *Qu'est-ce que l'ampèremètre?*

R. L'ampèremètre sert à constater l'intensité d'un
courant. Cet appareil s'installe directement sur les circuits dont on désire apprécier l'intensité; généralement, on le dispose dans la chambre des machines, à

une assez grande distance de la dynamo, pour qu'il n'en ressente pas l'influence. Pour le même motif, on l'éloigne, autant que possible, des courants à haute intensité, qui pourraient en être trop rapprochés.

28. D. *Qu'est-ce que le pont de Wheatstone?*

R. C'est un appareil qui sert généralement aux mesures de résistance.

L'appareil se compose d'un quadrilatère, au milieu duquel se trouvent des bobines de résistances, disposées sur plusieurs rangs. Sur l'une des diagonales, se trouve un galvanomètre; sur l'autre, une pile.

Lorsque l'équilibre est établi, on a, entre les quatre

Fig. 12 — Pont de Wheatstone.

résistances des côtés du parallélogramme, que nous désignerons par a, b, c et x, la relation :

$$xc = ab.$$

Si l'on donne à a et à c des valeurs égales, on a :

$$x = b.$$

En général, si l'on fait $c = na$, on a :

$$x = \frac{b}{n}.$$

Les branches *a* et *c* se nomment alors les bras de proportion du pont.

En augmentant *n*, on accroît le degré d'approximation de la mesure ; mais, en même temps, on diminue la limite des résistances qu'il est possible de mesurer. Si l'on prend *n* fractionnaire, on pourra mesurer des résistances plus grandes que *b*, avec une approximation d'autant moindre que le dénominateur de la fraction est plus grand.

CHAPITRE IV

Les piles électriques.

29. D. *Qu'est-ce que la pile de Volta ?*

R. Cette pile a été construite, pour la première fois, en 1794.

La première pile que fit Volta fut la pile à couronne

Fig. 13. — Pile de Volta à couronne de tasses.

de tasses. Chaque élément se composait d'une lame de zinc et d'une lame de cuivre (ou d'argent), qui étaient soudées ensemble, en forme de boucle (fig. 13).

Elles trempaient dans des vases rapprochés l'un de l'autre, remplis d'acide sulfurique dilué (1 partie d'acide sulfurique et 20 parties d'eau), de telle sorte que chaque lame de zinc se trouvait en face d'une lame de cuivre. En 1794, Volta, pour faciliter le transport de sa pile, que l'on employait dans les hôpitaux, construisit celle que l'on emploie encore aujourd'hui dans les écoles, et qui est connue sous le nom de pile à colonne, par suite de la réunion en pile de plusieurs éléments. Elle se compose de plaques de cuivre et de zinc placées alternativement l'une sur l'autre, et entre lesquelles on place une rondelle de drap trempée dans de l'acide sulfurique dilué (fig. 14).

30. D. *Quelle est la cause qui engendre l'électricité dans le couple de Volta?*

R. Le liquide qui, d'après Volta, doit établir le contact entre les métaux, agit chimiquement sur le zinc ($Zn + HO,SO^3 = H + ZnO,SO^3$), et c'est l'oxydation de ce métal qui engendre l'électricité. La quantité d'électricité produite dépend de la quantité de zinc consommée.

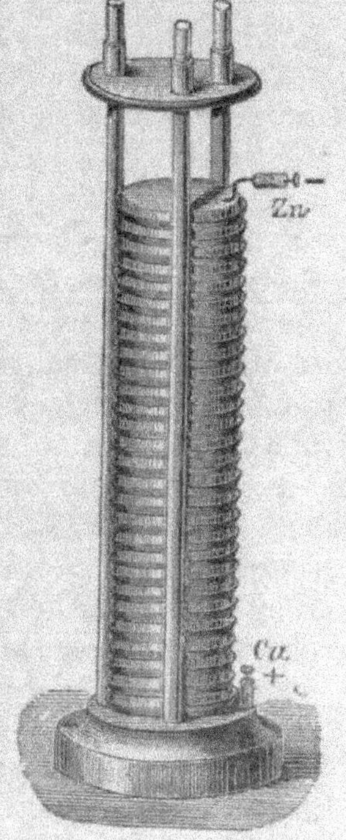

Fig. 14. — Pile de Volta.

Un couple électrique n'est donc, en somme, qu'un foyer spécial dans lequel on brûle du zinc pour recueillir de l'électricité, au lieu de brûler du charbon pour obtenir de la chaleur.

31. D. *Pourquoi le couple de Volta n'est-il pas à courant constant?*

R. Il a été dit précédemment que la pile de Volta ne fournissait un courant intense que pendant un temps très court; aussi fallait-il la charger rapidement.

On peut en dire la cause.

L'eau étant décomposée par le zinc sous l'influence de l'acide sulfurique, l'oxygène agit sur le zinc, et l'hydrogène, devenu libre, se dégage autour du conducteur positif, en le recouvrant. Or l'hydrogène, comme gaz, est mauvais conducteur; le courant cesse donc de passer en grande partie — on dit que les lames positives sont *polarisées*; de plus, une autre action se manifeste : l'hydrogène se recombine, en partie, avec l'oxygène, dans l'intérieur du couple, et cette *réaction* engendre dans le circuit un courant en sens inverse du premier et qui tend à le neutraliser.

32. D. *Sur quels principes repose la composition d'une pile à courant constant?*

R. Pour obtenir un courant constant, il faut absorber autour de l'électrode positive (le conducteur) l'hydrogène provenant de la décomposition de l'eau au fur et à mesure qu'il s'y dégage. Il suffit, à cet effet, d'entourer l'électrode d'une substance avide d'hydrogène : oxydes, sels oxygénés, sulfures, chlorures... choisissant les plus aisément réductibles. On voit que l'on peut imaginer, *inventer*, un grand nombre de piles d'après le choix de la matière dépolarisatrice.

Toutefois, le nombre des piles industrielles est assez restreint. On remarquera que, pour presque toutes les piles usitées, la partie négative reste la même : le zinc attaqué par l'eau acidulée (9 parties d'eau et 1 partie d'acide sulfurique; l'eau acidulée est un des liquides les plus conducteurs); la dissolution du sulfate de zinc formé s'effectuant régulièrement, le métal attaqué garde sa conductibilité.

Si nous plaçons les différents métaux suivant leur force plus ou moins grande d'excitation du courant, nous aurons ainsi ce qu'on appelle l'échelle de tension, au sommet de laquelle se trouvera le zinc et, au bas, le platine.

Cette échelle, que nous donnons plus loin, n'a toute sa valeur que si le liquide excitateur se compose d'acide sulfurique dilué.

Il existe cependant certains métaux, tels que le potassium, le sodium, le magnésium, qui sont encore plus énergiques que le zinc ; mais, comme leurs prix sont trop élevés pour être employés pratiquement, nous les passerons sous silence.

Les petites différences qui existent dans les deux échelles qui suivent proviennent sans doute de l'impureté des métaux employés.

Volta.	*Echelle adoptée actuellement.*
Zinc.	Zinc.
Plomb.	Cadmium.
Étain.	Etain.
Fer.	Plomb.
Cuivre.	Wolfram.
Argent.	Fer.
Or.	Bismuth.
Charbon.	Antimoine.
Graphite.	Cuivre.
Manganèse.	Argent.
	Or.
	Tellure.
	Platine.
	Palladium.

Cette échelle offre encore cette particularité, qu'en prenant deux de ses parties, c'est toujours celle qui est placée le plus près du zinc qui joue le rôle d'électrode soluble.

Le travail accompli par le courant électrique est équivalent à l'énergie chimique mise en jeu.

Pour chaque partie de matière séparée, il se dissout une quantité équivalente de zinc.

Les matières séparées par le courant s'appellent *ions*, la matière à décomposer *électrolyte*, le point d'entrée du courant *anode*, le point de sortie *cathode*, la matière qui y est séparée *cation*, l'autre *anion*. L'action elle-même porte le nom d'*électrolyse*.

33. D. *Qu'est-ce que la polarisation?*

R. Comme les ions tendent à se réunir, il se produit un courant, qui est de direction opposée au courant de décomposition; il s'appelle *courant de polarisation*.

Par exemple, la polarisation de l'élément Volta consiste en ce que sa force électromotrice, trop élevée à son début, retombe à la grandeur qui lui convient.

L'augmentation de la force électromotrice provient de l'oxydation de l'hydrogène, mis en liberté, par l'oxygène occasionnellement dissous dans l'élément.

Pour maintenir longtemps le courant à sa force initiale, il faut que l'électrode de dérivation soit établie aussi grande et aussi poreuse que possible, et que le liquide soit renouvelé, agité ou mis en contact avec l'oxygène de l'air; bref, il faut dépolariser l'électrode négative. Enfin, on peut diminuer la polarisation en augmentant la résistance dans le circuit, en entourant l'électrode de dérivation avec des matières qui absorbent l'hydrogène et le détruisent.

34. D. *Pourquoi faut-il amalgamer le zinc employé dans les piles?*

R. Le zinc chimiquement pur n'est pas attaqué par l'eau acidulée à l'acide sulfurique. Il ne devient attaqué, c'est-à-dire négatif, que s'il est mis en communication, intérieure ou extérieure, avec un métal moins attaquable plongeant dans le même liquide; celui-ci devient donc *positif* par rapport au zinc. Avec un tel couple, le zinc n'est consommé que selon la quantité d'électricité fournie; il n'y a donc pas de dépense de métal inutilement faite, comme avec le zinc impur (zinc usuel du commerce), qui reste attaqué *tout le temps*, que le circuit soit ouvert ou fermé. Le zinc impur doit d'être attaqué dans le liquide actif à la présence de métaux : fer, étain... qui constituent des couples partiels agissant sur le liquide. Si l'on combine superficiellement le zinc avec le mercure (amalgamation), ces couples se trouvent fusionner ensemble, leur action extérieure est annulée et le *zinc amalgamé* se conduit exactement comme le zinc pur. Il n'agira sur le liquide qu'à la condition que le circuit soit fermé. On conçoit donc qu'il est absolument nécessaire de monter les piles avec le zinc amalgamé, puisqu'on a ces avantages : économie du métal, qui n'est consommé que proportionnellement à l'électricité fournie; régularité absolue du courant, par suppression des couples partiels existant dans le zinc impur; augmentation de force électromotrice, car le zinc amalgamé donne 103 par rapport au zinc ordinaire donnant 100. On peut amalgamer le zinc en le décapant dans l'eau acidulée par l'acide sulfurique, puis en étendant dessus du mercure; il n'en faut pas forcer la dose, car le métal devient cassant; il faut obtenir une surface lisse et miroitante, et user de la moins grande quantité de mercure possible.

L'amalgamation obtenue en trempant le zinc dans une dissolution de mercure, comme on le recommande souvent, est tout à fait insuffisante et peut tout au plus remplacer l'attaque par l'acide, avant l'amalgamation avec le mercure métallique. On prépare cette dissolution en faisant dissoudre, sous l'action de la chaleur, du mercure dans de l'eau régale, et, après saturation, on ajoute au liquide une quantité égale d'acide chlorhydrique.

Les proportions sont à peu près les suivantes : 100 grammes de mercure et 500 d'un mélange fait avec une partie d'acide nitrique et deux parties d'acide chlorhydrique.

Il est bon de ne faire l'amalgamation que peu avant le moment d'employer les zincs ; car autrement il se forme une pellicule de carbonate de zinc (zinc et acide carbonique), qui produit un fort bouillonnement quand on trempe les cylindres de zinc dans l'acide sulfurique, ce qui consomme inutilement de l'acide et couvre les vases de buée à l'extérieur.

Si les cylindres sont bien amalgamés, il suffit de les tremper dans le liquide à amalgamer et de les bien rincer pour éviter ce bouillonnement.

35. D. *Quelles sont les principales piles usitées pour la lumière électrique?*

R. Pour l'éclairage électrique, il est nécessaire d'avoir des piles à courant très intense ; par conséquent, la décomposition électro-chimique est très rapide et elles ne peuvent fournir, pendant longtemps, un courant assez puissant pour alimenter une ou plusieurs lampes à incandescence. Les piles les plus employées pour cet usage sont les piles de Bunsen, Grenet,

Trouvé, Radiguet, etc., que nous allons décrire successivement.

Grâce à son inaltérabilité, c'est le platine qui fut d'abord employé dans la construction de ces piles; mais il a l'inconvénient d'être d'un prix très élevé et sa production est assez limitée.

Beaucoup de physiciens allemands, français, anglais

Fig. 15. — Pile de Bunsen.

se sont occupés de remplacer le platine par le charbon ou le graphite. Mais c'est Bunsen qui arriva le premier, en 1841, à donner à cette idée une forme pratique, et qui réussit à la propager en construisant des éléments avec du charbon artificiel.

Aujourd'hui, c'est la *forme française* des éléments Bunsen (fig. 15) qui est, à juste titre, la forme la plus répandue. Un vase en terre ou en grès — ce dernier est préférable par suite de son peu de fragilité, bien que la transparence du verre offre certains avantages (la faïence vernissée doit être écartée ; car, le vernis venant à s'écailler, ce qui arrive vite, le vase laisse passer l'acide) — reçoit l'acide sulfurique dilué et le cylindre de zinc, dans le milieu duquel on place un vase poreux rempli d'acide nitrique, où plonge l'électrode de charbon. L'électrode négative a une section transversale rectangulaire : elle est taillée dans un morceau de charbon de cornue, qui possède une plus grande conductibilité et que l'on réunit d'une manière très simple, au moyen d'une borne à vis, avec l'électrode la plus voisine. Cette disposition est représentée dans la figure 15 ci-dessus.

Elément Grenet ou pile-bouteille.

Dans l'élément Grenet ou pile-bouteille, on se sert d'un liquide composé avec 1 litre d'eau, 370 grammes d'acide sulfurique et 130 grammes de bichromate de potasse. C'est une des formes les plus maniables de l'élément à acide chromique.

Comme le nom nous l'indique déjà, le vase qui contient les électrodes et le liquide a la forme d'une bouteille (fig. 16), à laquelle on donne le plus souvent un ventre en forme de boule ronde.

Les électrodes sont fixées sur le couvercle en ébonite du vase, sur lequel les charbons sont vissés une fois pour toutes. La plaque de zinc qui se trouve entre elles est disposée de façon à pouvoir se déplacer au moyen d'une barre en laiton retenue par une vis qui permet de régler à volonté son enfoncement.

Une bague en caoutchouc souple ou de petits blocs en caoutchouc durci empêchent tout contact entre l'électrode de zinc et les électrodes de charbon.

Pour renouveler le liquide autour du charbon, ce qui ne peut se faire de soi-même que difficilement, puisque les électrodes sont rapprochées le plus possible, on peut insuffler de l'air dans l'élément, au moyen d'un tuyau de plomb qui passe entre les deux plaques de charbon.

Cette disposition a été supprimée dans les éléments du nouveau modèle, car on obtient le même résultat en remuant l'électrode de zinc.

Le courant que produit cet élément ne dure que peu de temps, mais il suffit pour les expériences qui ne demandent un fort courant que pendant quelques instants, comme dans les expériences que l'on fait dans les conférences, échauffement de fils, etc., etc. Cet élément offre cet avantage que la consommation du zinc, en retirant cette électrode (ce qui naturellement ne doit pas être oublié), est aussi restreinte que possible, et

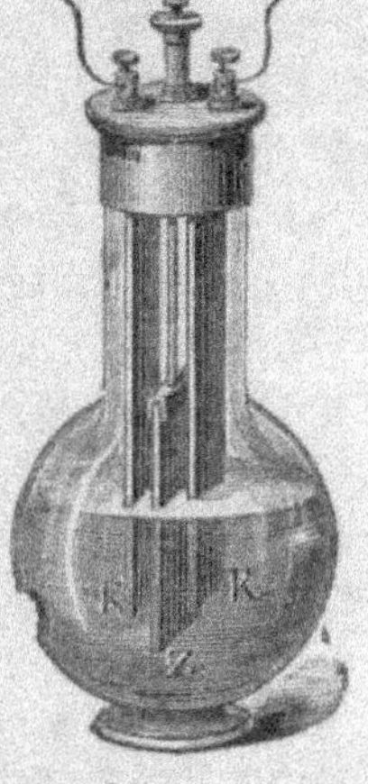

Fig. 16. — Pile-bouteille ou de Grenet.

que, par suite de la grande quantité de liquide qu'il contient, il peut servir pendant longtemps.

On emploie quelquefois aussi des éléments de ce genre qui contiennent deux plaques de zinc et trois plaques de charbon réunies en surface.

On obtient ainsi de grands effets d'incandescence momentanée.

Les charbons sont munis de boutons d'attache en cuivre, fondus sur le charbon ou vissés dessus.

De la paraffine bouche les pores du charbon et empêche l'acide de grimper. Mais ces éléments possèdent pour principal inconvénient d'avoir les charbons constamment plongés dans le liquide, ce qui entraine nécessairement une formation constante de cristaux d'alun sur leur surface et même une décomposition d'acide chromique sans aucune utilité.

Pile Trouvé.

La pile Trouvé est représentée par la figure 17. Cet électricien bien connu place, dans un cadre convenable de caoutchouc durci, un certain nombre de plaques de zinc et de charbon maintenues à une distance régulière, très petite, de manière à pouvoir être associées pour former, soit un seul élément à grande surface, soit deux éléments d'une surface moitié moindre, réunis en tension.

Le cadre ou la boite dans lequel sont placées lesdites plaques est formé d'une base et de deux montants verticaux F, reliés et maintenus à la partie supérieure par la poignée A. Les distances entre les plaques sont maintenues par des jarretières, de caoutchouc souple, placées sur les charbons dans le sens horizontal; en cas de secousse accidentelle, ces bandes de caoutchouc amortissent le choc, ce qui est important pour les charbons, car leur fragilité est telle qu'il faut se tenir en garde contre les ruptures. Des pinces métalliques mobiles et élastiques se mettent à cheval sur les zincs et les charbons, et sont rattachées à des tringles horizontales qui réunissent plusieurs plaques de zinc ou de charbon.

Dans la figure, on voit, en avant, à droite, trois plaques de charbon réunies ensemble : c'est le pôle positif de la pile ; les trois plaques de zinc correspon-

dantes sont à l'arrière-plan, réunies entre elles et trois
autres plaques de charbon ; enfin, les trois dernières
plaques de zinc sont réunies en avant et à gauche :
c'est le pôle négatif de la pile, qui est donc composée
de deux éléments réunis en tension.

Fig. 17. — Pile Trouvé.

Ces deux éléments, on l'a déjà compris, plongent
dans une même auge contenant le liquide ou plutôt le
mélange ; il y a bien une certaine perte de courant par
les liquides, mais on réalise ainsi une simplicité qui
fait plus que compenser le petit défaut en question.

Un tube T permet de souffler de l'air qui arrive à la partie inférieure du liquide, l'agite et contribue à la dépolarisation. D'ailleurs on peut, au moyen de la poignée, agiter la pile dans le liquide et obtenir à très peu de chose près le même effet que par l'insufflation de l'air.

En résumé, la disposition de M. Trouvé a les avantages suivants :

Elle permet un démontage facile et rapide de toutes les parties de la pile, commodité qui manque à l'élément Grenet ;

Les plaques, une fois démontées, peuvent être lavées et réamalgamées commodément.

Pile Radiguet.

Cette pile à deux liquides, genre Poggendorff, ne fonctionne pas à circuit ouvert ; il suffit en général d'en renouveler le bichromate tous les deux mois.

Elle se compose : d'un vase extérieur en grès émaillé, de bonne qualité, contenant une dissolution concentrée, acide, de bichromate de soude, d'un cylindre de charbon dont la tête est paraffinée, au milieu duquel est placé un vase poreux dont la tête et le fond sont aussi paraffinés. Ce vase poreux contient l'eau acidulée avec de l'acide sulfurique au $1/10^e$ en volume. Le zinc, qu'il contient également, y reste constamment immergé ; sa partie inférieure baigne continuellement dans du mercure contenu dans une cuvette dont les surfaces extérieures sont inclinées.

Cette cuvette a une importance capitale et c'est

grâce à elle que le zinc peut rester immergé sans usure, à circuit ouvert.

Si l'on se contente de verser du mercure dans le fond des vases poreux, outre qu'il en faut une grande quantité par suite de la forme convexe du fond, on re-

Fig. 18. — Pile Radiguet.

marque que rapidement, après quelques heures de fonctionnement, le mercure se couvre de sulfate de zinc et que cette espèce de crasse finit par adhérer au zinc et au mercure et par couvrir complètement ce dernier. A la place où le zinc et le mercure sont en contact, il se produit une espèce de soudure qui supprime complètement tout contact entre le zinc et le mercure et, par cela même, empêche le mercure de monter dans les pores du zinc. La cuvette de M. Radiguet remédie à cet inconvénient ; le sulfate de zinc formé glissant sur les surfaces extérieures, le mercure reste propre et en contact constant avec le zinc.

L'eau acidulée des vases poreux est changée tous les quinze jours, soit après sept à huit heures d'éclairage. Le même bichromate peut servir pour quatre charges du vase poreux, soit trente heures environ, les lampes ne dépensant qu'un ampère.

Six éléments de cette pile permettent de faire fonctionner des lampes à incandescence de trois bougies.

36. D. *Quelles sont les principales piles en usage pour la télégraphie et les sonneries électriques ?*

Fig. 19. — Pile Barbier-Leclanché.

R. On ne demande pas à ces sortes de piles un courant d'une grande énergie ; il faut surtout qu'elles résistent pendant très longtemps à l'usure, tout en fournissant un courant de faible intensité, mais constant. Les meilleurs modèles que l'on rencontre partout, dans ce genre d'applications, sont :

Les piles Barbier-Leclanché ; les piles-ballons ; les piles Gaiffe ; les piles Callaud, Trouvé-Callaud et Maiche.

De toutes ces piles, c'est certainement la pile *Barbier-Leclanché* qui est la plus employée ; aussi, allons-nous décrire tout d'abord le dernier modèle de la pile Leclanché.

Le pôle positif de l'élément Leclanché-Barbier consiste en un cylindre creux aggloméré, composé de charbon et de peroxyde de manganèse ; il est muni d'une tête métallique portant une borne de serrage.

Le zinc, maintenu par un bouchon de bois percé d'un trou, occupe la partie centrale, de sorte que la matière dépolarisante étant distribuée symétriquement autour du zinc, tous les points de sa masse sont également soumis au travail électrique : il en résulte une meilleure utilisation de la matière et un meilleur rendement.

En outre, la forme du vase en verre permet, sans aucuns frais, un bouchage à peu près hermétique de l'élément au moyen d'un joint en caoutchouc qui, entourant la partie supérieure du cylindre, s'appuie sur le col du vase. Ce bouchage supprime l'évaporation et, par suite, les sels grimpants qui salissent les piles et chlorurent les contacts.

La figure 19 montre le modèle courant du nouvel élément à aggloméré cylindrique.

Le zinc se conservant indéfiniment, sans altération, dans la dissolution de sel ammoniac et le peroxyde de manganèse étant complètement insoluble dans ce liquide, la pile, une fois montée, ne donne jamais lieu à aucune action chimique intérieure, tant qu'elle ne fournit aucun courant. Lorsqu'on réunit les deux pôles par un fil ou circuit extérieur, le courant électrique prend naissance et décompose la dissolution de chlorhydrate d'ammoniaque. Le chlore se porte sur le zinc qu'il transforme en chlorure de zinc, le chlorure de zinc s'unit au gaz ammoniac pour former un corps soluble dans la dissolution de sel ammoniac, tandis que l'hydrogène se rend au pôle positif, où il paralyserait bientôt l'action électrique, sans la présence du peroxyde de manganèse, qui lui cède une partie de son oxygène pour former de l'eau. Le peroxyde de manganèse est donc indispensable dans la pile Leclanché.

La force électromotrice d'un élément Leclanché est de 1 volt 5 en moyenne.

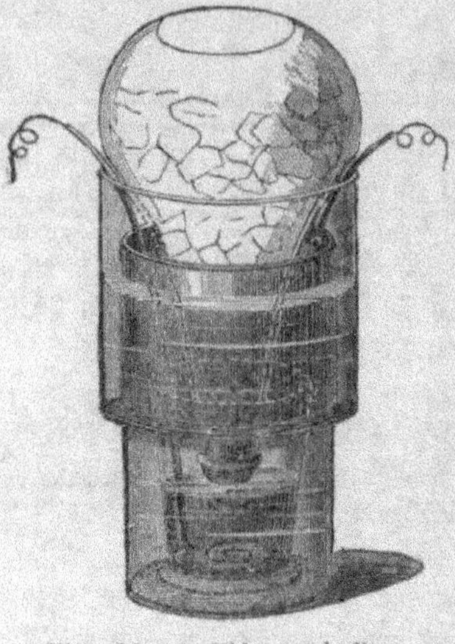

La résistance d'un élément Leclanché varie de 0,2 d'ohm à 2 ohms, tandis que les éléments à sulfate de cuivre ou à sulfate de mercure ont rarement moins de 10 ohms et en ont quelquefois 20.

L'emploi de la pile Leclanché est tout indiqué chaque fois qu'on a besoin de courants intermittents de petite ou de grande intensité ou de courants continus de très faible intensité;

Fig. 20. — Elément-ballon.

mais il faut se garder de s'en servir pour des courants continus intenses, comme ceux qu'exige, par exemple, l'éclairage électrique.

Elément-ballon. — Cet élément est employé par la direction télégraphique badoise, la direction prussienne, le service des chemins de fer autrichiens; les chemins de fer et le télégraphe de l'Etat russe l'emploient presque exclusivement. Le chemin de fer P.-L.-M. emploie également l'élément-ballon pour les sonneries électriques des passages à niveau qui demandent un courant non interrompu.

Si le ballon contient 1 kilogramme de sulfate de cuivre, il peut fonctionner un an, même quatorze mois, sans avoir besoin d'y toucher.

Il faut encore ajouter que ces éléments possèdent une assez grande résistance. Si les éléments ne sont pas employés en même temps sur plusieurs lignes ce qui arrive rarement pour les petites stations, cette résistance n'a pas grande importance.

Cet élément (fig. 20) permet très facilement de surveiller combien il reste de sulfate de cuivre. Aussi, pour diminuer le prix d'achat, dans les éléments, les électrodes de cuivre sont remplacées

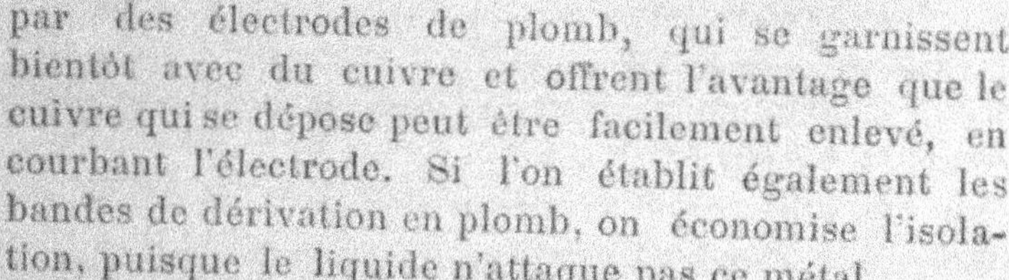

Fig. 21. — Élément Callaud.

par des électrodes de plomb, qui se garnissent bientôt avec du cuivre et offrent l'avantage que le cuivre qui se dépose peut être facilement enlevé, en courbant l'électrode. Si l'on établit également les bandes de dérivation en plomb, on économise l'isolation, puisque le liquide n'attaque pas ce métal.

Comme désavantage de cet élément, nous dirons que l'expérience a prouvé que la présence de dissolutions toujours saturées augmente beaucoup la consommation.

L'élément Callaud est ainsi construit : sur le bord supérieur d'un vase de 0 m. 20 de hauteur et 0 m. 13

de diamètre (fig. 21), pend un cylindre de zinc, haut de 0 m. 05, au moyen de trois triangles soudés avec lui. L'électrode négative, qui est couchée sur le fond du vase, est formée par une bande de cuivre courbée en un cylindre de 0 m. 03 de hauteur et 0 m. 04 de diamètre ; elle est munie d'un fil de dérivation bien isolé. La direction télégraphique emploie des zincs de 0 m. 07 de hauteur.

Pour diminuer la résistance, on a doublé la surface, en enroulant les électrodes en forme de spirales, ce qui donne à la bande de zinc une longueur de 0 m. 47.

Autant est simple cette disposition, autant de difficultés présente le chargement de ces piles, pour lequel on recommande d'observer le procédé suivant :

Lorsqu'on a suspendu le zinc, on remplit le vase jusqu'à 0 m. 01 au-dessous de l'extrémité inférieure du zinc, avec de l'eau ou mieux une dissolution de sulfate de zinc au dixième, que l'on peut facilement préparer en diluant le contenu des éléments ayant servi.

Pour introduire la dissolution de sulfate de cuivre, on se sert d'un siphon en caoutchouc, qui va jusqu'au fond du vase. On laisse couler jusqu'à ce que le sulfate de cuivre, qui se mélange avec la couche du haut du sulfate de zinc, ne se trouve plus qu'à un demi-centimètre du zinc.

Ce remplissage suffit pour un mois entier ; après ce temps, on enlève à peu près un demi-centimètre du liquide du haut et on emplit de sulfate de cuivre ; si, par suite de l'évaporation, le liquide est devenu trop dense, on y ajoute de l'eau.

L'*élément Trouvé-Callaud* peut être établi à un prix extraordinairement modique, si l'on s'y prend adroitement.

Cet élément, qui ressemble beaucoup à celui qu'emploie le Chemin de fer d'Orléans, mais qui a été construit particulièrement pour des usages médicinaux, se compose d'un vase en verre de 0 m. 12 de hauteur sur 0 m. 07 de largeur et coûte 40 centimes. Le cylindre de zinc est tenu par trois courbures que l'on y pratique avec une tenaille. L'électrode négative se compose d'une spirale de fil de cuivre, dont le bout sert de fil de dérivation, et qui se trouve garanti par un tube de verre dans lequel il passe. Les fils des pôles zincs sont enroulés en spirale par le bout et s'enfilent sur les fils de cuivre.

En Autriche, les éléments Callaud sont munis de couvercles auxquels sont vissés les zincs.

Nous renvoyons le lecteur aux ouvrages spéciaux pour l'étude des innombrables piles connues à ce jour; contentons-nous de dire que celles décrites ci-dessus, Leclanché, Callaud, etc., sont absolument parfaites pour les sonneries, la télégraphie, etc.; que les piles Radiguet, Trouvé, Grenet, excellentes pour la galvanoplastie, sont les meilleures connues pour l'éclairage électrique, sans avoir résolu complètement le problème de l'éclairage électrique par les piles.

Il existe encore de nombreuses *piles sèches* dans lesquelles on emploie un conducteur humide en place de liquide, et enfin des *piles thermo-électriques*, dans lesquelles la production du courant électrique est obtenue au moyen d'un changement de température, chauffage au charbon comme dans la pile Clamond, ou chauffage au gaz (pile Chaudron).

Ces dernières piles sont si peu usitées que nous ne croyons pas utile d'en donner la description.

CHAPITRE V

Accumulateurs.

37. D. *Qu'entend-on par pile secondaire ou accumulateur ?*

R. C'est un appareil fondé sur la réversibilité des actions électro-chimiques. Certaines décompositions chimiques opérées par le passage du courant sont susceptibles de se reproduire en sens inverse, en donnant naissance à un courant. En vertu de la loi de la conservation de l'énergie, l'énergie électrique absorbée par la réaction primaire est ensuite restituée par la réaction secondaire. L'accumulateur est donc une pile régénérable.

38. D. *Quel est l'inventeur de l'accumulateur ?*

R. C'est Gaston Planté qui, en 1859, créa la *vraie pile secondaire* en reconnaissant l'aptitude spéciale du *plomb* à se polariser quand il est employé comme électrode dans les décompositions électro-chimiques, notamment dans la décomposition de l'eau acidulée.

Le *couple secondaire Planté* est ainsi constitué : deux lames de plomb de 1 mm. 5 sont enroulées en forme de spirale, de sorte que les deux côtés sont utilisés, ce qui donne au couple une très grande surface. Avant d'enrouler les plaques, on les pose l'une sur l'autre de manière que les pôles se trouvant, l'un à droite, l'autre à gauche, le courant entre par l'intérieur du cylindre et sort en faisant le tour. Pour maintenir entre les plaques un écartement convenable, on place des bandes de caoutchouc d'un demi-centimètre, en ménageant des passages pour le dégagement des gaz. — Le cylindre, ainsi préparé, est introduit dans un vase contenant l'eau acidulée; le vase est bien fermé, ne laissant que deux ouvertures pour verser le liquide et pour la sortie des gaz.

Le maximun de rendement est de 70 0/0 de la charge. On peut comparer la pile secondaire à lames de plomb

Fig. 22. — Accumulateur Kabath.

à un condensateur qui accumule dans ses armatures de grandes quantités d'électricité, pour les restituer ensuite en peu de temps en produisant des effets intenses, d'où le nom d'*accumulateur* donné à cet élément secondaire.

39. D. *Quels sont les accumulateurs industriels?*

R. La partie active d'un accumulateur étant essentiellement superficielle, on a cherché à augmenter autant que possible la surface des électrodes pour un même poids de plomb.

De là différents dispositifs, qui dérivent du *genre Planté :*

Accumulateur Elwel et Parker, à lames de plomb trouées, séparées par des grilles de caoutchouc;

Accumulateur de Méritens, dont les lames constituent une série de casiers horizontaux :

Accumulateur Kabath à électrodes formées de bandelettes minces de plomb gaufrées, placées verticalement les unes contre les autres, maintenues dans une cage en plomb percée de trous;

Accumulateur Montaud. Afin d'obtenir une formation rapide, les deux feuilles de plomb qui doivent constituer l'élément servent préalablement comme électrodes pour décomposer un bain alcalin saturé d'oxyde de plomb.

Citons encore l'*accumulateur Fulmen*, de D. Tommasi, qui donne 12 ampères-heures par kilogramme de plomb; construit spécialement pour que la trépidation ne désagrège pas la matière active, il est utilisé notamment pour la traction électrique par la maison Jeantaud.

Accumulateur genre Faure. — M. Faure trouva, avec raison, qu'il y aurait amélioration pratique à charger d'avance la lame à oxyder d'une couche d'oxyde de plomb; on augmente ainsi l'épaisseur de la couche oxygénée active et on diminue le temps nécessaire à sa formation, dans les conditions ordinaires.

L'*accumulateur Faure-Sellon-Volchmar* est formé de plaques percées de trous, ou quadrillage en plomb fondu, dans lesquels on comprime du minium, du plomb réduit ou un sel de plomb. Ces plaques sont employées

pour les accumulateurs de l'*Electrical Power Storage* :
chaque accumulateur exige 2 volts 5 pour sa charge
et donne régulièrement 2 volts de décharge. La Société Française d'accumulateurs électriques emploie
aussi un genre Faure-Sellon-Volckmar, un type pour
les expériences de laboratoire, un type pour la lumière

Fig. 23. — Accumulateur « Electrical Power Storage ».

et la traction : le premier type demande 6 ampères
pour la charge, pour rendre 11 ampères; le deuxième
type, grande dimension, se charge à 200 ampères et
rend 300 ampères.

Citons aussi l'*accumulateur Cadot*, type à pastilles,
avec plaques en deux parties, pour l'emprisonnement
des pastilles dans les alvéoles : on obtient 6 ampères-
heures par kilogramme de plaque.

L'*accumulateur Jullien* est à lame perforée en alliage inoxydable, formé de plomb, d'antimoine et de mercure.

Citons encore, parmi les meilleurs accumulateurs,

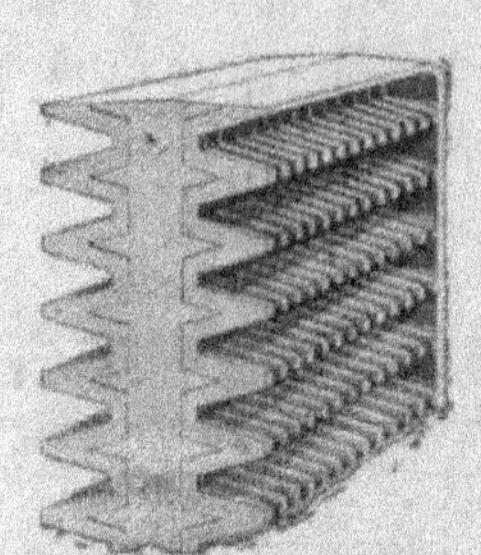

Fig. 24. — Accumulateur Tudor.

celui du système *Tudor*. Chaque accumulateur comprend un nombre impair de plaques positives et un nombre pair de plaques négatives. Ces plaques sont *gaufrées*, disposées parallèlement dans un bac en bois doublé de plomb, et reposent sur des plaques de verre, placées de champ et dans le même plan que les électrodes. Elles sont guidées verticalement par des rainures ménagées dans des pièces en verre et maintenues à égale distance les unes des autres par des tubes en verre. Les queues des plaques sont soudées au chalumeau oxhydrique à des barres de plomb trapézoïdales, de sorte que les connexions n'offrent au passage du courant qu'une résistance négligeable.

Ce système d'accumulateurs est employé, pour l'éclairage de la ville de Paris,

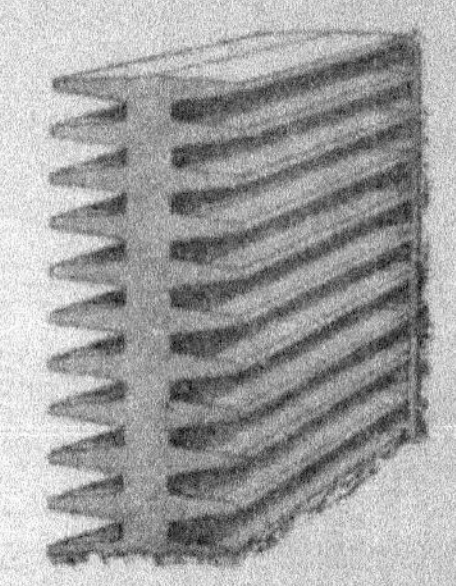

Fig. 25. — Accumulateur Tudor.

dans le secteur du quartier Saint-Georges.

40. D. *Quels sont les avantages de l'accumulateur?*

R. L'accumulateur constitue un véritable réservoir

d'électricité; il peut être chargé à l'aide des piles, mais il y a avantage à se servir de machines dynamo-électriques.

Toutefois, les accumulateurs les plus parfaits ne rendent que 45 à 50 0/0 du travail dépensé par la dynamo; leur prix est assez élevé et leur durée relativement faible.

Disons, à ce sujet, que, si la durée des plaques négatives est presque indéfinie, la désagrégation des plaques positives se produit assez vite, surtout par suite d'un emploi journalier. Une charge trop rapide amène une prompte détérioration; un excès de charge semble ne présenter aucun inconvénient.

Les accumulateurs permettent d'actionner les moteurs électriques des voitures, tramways, etc., sans nécessiter la présence d'une machine productrice d'électricité. Dans ce cas, leur seul inconvénient est un poids considérable.

Lorsque les dynamos d'une usine sont actionnées par le moteur principal, les accumulateurs permettent l'éclairage de l'usine (alors même que les moteurs ne fonctionnent pas), pendant la nuit, les heures de repos, etc...

Généralités. — La capacité, le débit et le prix des accumulateurs sont très variables avec le type, la puissance et la durée. On compte ordinairement, en moyenne, pour un avant-projet, sur un débit de 1 ampère par kilogramme de plaque, une capacité de 6 à 10 ampères-heures et une différence de potentiel utile de 1 volt 9; la dépense peut être évaluée de 75 à 130 francs par kilowatt-heure d'énergie disponible.

CHAPITRE VI

Les machines électriques.

41. D. *Qu'est-ce que la bobine d'induction de Rhumkorff?*

R. Les bobines d'induction, dont le principe a été étudié, pour la première fois, par Faraday, consistent en *deux circuits disposés de manière à présenter un coeffi-*

Fig. 26. — Bobine de Rhumkorff.

cient d'induction mutuelle considérable. Les premières bobines avaient pour but de transformer l'énergie, fournie par les piles, en courants de haute tension ; le modèle imaginé par M. Rhumkorff est le plus connu.

Dans cet appareil, les courants induits sont produits par les alternatives de rupture et de rétablissement d'un courant inducteur, à des intervalles de temps très courts.

On enroule d'abord, sur un cylindre de bois, un fil inducteur, qui sert de conducteur au courant fourni par une pile ; par-dessus, on enroule encore un fil beaucoup plus long et plus fin, destiné à former le circuit induit. Le tout présente l'aspect d'une bobine plus ou moins volumineuse, terminée par deux disques de verre.

L'âme de cette bobine est constituée par un faisceau de fils de fer doux, de sorte que, chaque fois que le courant sera établi, il se produira un phénomène d'aimantation ; mais, dès que le courant sera interrompu, l'aimantation disparaîtra aussitôt. Le faisceau de fils de fer doux augmentera donc les effets d'induction du courant émanant de la pile.

Le courant passe d'abord dans un *commutateur*, puis dans un interrupteur, composé d'un petit marteau, dont la tête, en fer doux, est voisine (mais un peu en dessous) de l'extrémité du faisceau de fils de fer qui constitue le noyau de la bobine et pénètre à travers une ouverture ménagée au centre des disques de verre. Le manche de ce marteau, en métal bon conducteur, généralement en cuivre et quelquefois en argent, se relie à la partie supérieure d'une colonne métallique par une charnière articulée ; au-dessus de la tête du marteau, se trouve une petite enclume, en forme de cylindre. Elle est presque toujours construite en cuivre et supportée par une tige métallique. Après avoir traversé le marteau et l'enclume, le courant se rend dans la bobine d'induction et sort par un fil qui aboutit à une borne, puis retourne à la pile en passant par le commutateur.

Le fonctionnement de l'interrupteur est très simple. Lorsque, par suite du jeu du commutateur, le faisceau de fils de fer doux subit l'aimantation, la tête du marteau est attirée : elle se sépare de l'enclume, et le circuit inducteur est interrompu ; alors, l'aimantation cesse, le marteau retombe, sollicité par la pesanteur, et le courant se rétablit. Ces alternatives se reproduisent continuellement, de sorte que, à chaque rupture du courant inducteur, un courant direct se développe dans le fil induit ; lorsqu'il se rétablit, un courant induit inverse se produit.

Après avoir traversé les disques de verre, les extrémités du fil induit viennent aboutir à deux bornes métalliques ; lorsqu'on réunit les extrémités de ces fils par un conducteur, on forme, dans le circuit, une série de courants dirigés tantôt dans un sens, tantôt dans le sens inverse. Si l'on rapproche les fils l'un de l'autre, en laissant entre eux un faible intervalle, il se produit des étincelles. Poggendorff a démontré que ces étincelles sont dues au courant direct, qui se développe dès qu'il y a interruption du courant induit ; on a observé que le courant inverse ne possède pas une intensité suffisante pour franchir une couche d'air de quelque épaisseur.

Les bobines d'induction sont fréquemment employées dans les laboratoires pour produire une succession d'étincelles et déterminer diverses réactions, *formation de l'ozone par électrisation de l'oxygène*, etc. On s'en sert également, dans les mines et certains travaux d'art, pour produire, à une grande distance, l'étincelle électrique et provoquer ainsi l'explosion de certains corps : poudre, fulmi-coton, fulminate de mercure, etc. Mais, malgré les avantages de la bobine de Rhumkorff, son emploi industriel est très limité.

42. D. *Qu'est-ce qu'une machine dynamo-électrique ?*

R. C'est une machine destinée à convertir l'énergie

sous forme de mouvement mécanique en énergie sous forme de courants électriques, ou *vice versa*, par suite de la rotation de conducteurs, généralement des bobines de fils de cuivre, dans un champ magnétique.

43. D. *Quelles sont les principales divisions des machines dynamo-électriques?*

R. Elles peuvent se diviser en *machines à courants continus*, dont le collecteur est construit de telle sorte que les courants produits sont tous dirigés dans le circuit extérieur dans le même sens : elles se distinguent en machines à induits annulaires et à induits en bobines ou tambour; en *machines à courants alternatifs*, ou courants dont le sens change à intervalles de temps réguliers, et en *machines à courants polyphasés*; parmi ces derniers, on distingue les courants *biphasés* (à deux phases) et *triphasés* (à trois phases). Il suffit d'augmenter indéfiniment le nombre des courants qui se superposent, d'en redresser la moitié pour revenir au courant continu.

44. D. *Quelle différence y a-t-il entre les machines dynamo-électriques et les machines magnéto-électriques?*

R. Suivant que l'induction est produite par des aimants permanents ou par des électro-aimants, les machines sont appelées *magnéto-électriques* ou *dynamo-électriques*.

45. D. *Quelles sont les principales pièces qui composent la machine dynamo-électrique?*

R. I. **Les inducteurs.**

Les inducteurs sont constitués, comme nous l'avons vu, par un ou plusieurs aimants permanents dans les machines magnéto-électriques et par les électro-aimants dans les machines dynamo-électriques, qui souvent ne se différencient entre elles que par la disposition spéciale donnée aux électro-aimants inducteurs; leur rôle est de créer le champ magnétique de la machine.

II. **L'induit.**

L'obligation de l'enroulement du fil induit dans une machine conduisit, dès l'abord, à l'emploi des bobines cylindriques ordinaires, distinctes les unes des autres et passant successivement dans le champ.

C'est ainsi que furent construites les premières machines. Plus tard, on trouva, avec raison, plus rationnel de faire de l'induit un tout compact en un seul enroulement, et alors apparurent les systèmes induits constitués, soit par une seule bobine enroulée de fil dans le sens de sa longueur, soit par un tore de fer recouvert d'un enroulement hélicoïdal perpendiculaire à son axe.

De là, plusieurs types distincts :

1° Induits en anneau, dans lesquels les bobines sont groupées sur un anneau dont l'axe principal de symétrie est également l'axe de rotation;

2° Induits cylindriques ou en tambour, dans lesquels les spires sont roulées longitudinalement sur la surface d'un cylindre ou tambour;

3° Induits polaires, dont les spires sont roulées et aplaties sur un disque;

4° Induits a disques, dans lesquels les spires sont aplaties sur un disque.

Les *induits en anneau* sont utilisés dans un grand nombre de machines et sont presque toujours formés de bobines élémentaires en circuit fermé. Cependant, on peut les disposer en anneau à circuit ouvert : la machine Brush, pour lumière à arc, en est un exemple.

Pour les induits cylindriques, on préfère les disques en tôle, tandis que, dans les induits annulaires, les portions de spires sont relativement inactives, parce qu'elles ne coupent pas les lignes de force, à moins que les pièces polaires ne pénètrent jusque dans l'intérieur de leur sphère d'action.

Dans les *induits cylindriques* ou *en tambour*, les noyaux sont ordinairement constitués par du fil de fer roulé sur une armature intérieure non magnétique.

Les *induits polaires* ont leurs bobines roulées sur des pôles disposés en projections radicales ; l'inconvénient de cette disposition est que les armatures sont d'une construction difficile, parce qu'elles ne sont pas assez solides, à moins que les noyaux ne soient massifs ; mais alors on retombe dans un autre inconvénient, parce que les noyaux massifs s'échauffent trop rapidement et absorbent ainsi une grande partie de l'énergie utilisable. Cette disposition ne prête pas davantage à une grande multiplication des sections ; de plus, les bobines, en raison des positions qu'elles occupent, se contrarient mutuellement dans leur action, de sorte que l'on tend de plus en plus à abandonner ce système.

Les *induits en disque* peuvent se subdiviser en deux classes : 1° ceux dans lesquels le fil est enroulé sur un certain nombre de petites bobines séparées et juxtaposées (machines Wilde, Siemens, Ferranti) ; 2° ceux dans lesquels on groupe les bobines élémentaires sur un arc considérable de la circonférence (machines Pacinotti, Ruppet Jehl, Desroziers, Fritsche, etc.). En général, ce genre d'induit ne comporte aucun noyau de fer ; sa faible épaisseur permet de le loger, dans un espace relativement limité, entre les surfaces polaires des inducteurs.

III. **Le collecteur**.

Le collecteur est l'organe qui permet de recueillir

les courants produits dans l'induit. Suivant les machines, leur forme varie. Pourtant la disposition de principe est la même. Ils seront constitués par des pièces de cuivre, fixées sur l'arbre de rotation, isolées

Fig. 27. — Machine magnéto-électrique de Méritens.

de celui-ci et reliées aux diverses parties du fil induit. Sur ces pièces de cuivre isolées entre elles appuient des frotteurs fixes, composés par un faisceau de fils ou de lames de cuivre, et auxquels sont fixés les bouts du circuit extérieur.

De la sorte, à chaque instant, le circuit dans lequel le courant est utilisé fait partie de la fraction du fil soumise à l'induction.

Dans la construction d'un collecteur, la considération première est de faire usage d'un métal très bon conducteur, pour éviter l'addition d'une résistance inutile, et ayant une dureté convenable pour diminuer l'usure sous le frottement des balais.

46. D. *Quelles sont les machines magnéto-électriques en usage?*

R. Faraday pensa le premier à *monter* une machine magnéto-électrique usuelle; puis vinrent les machines de Pixii, de Ritchie ; puis celles de Saxton, et enfin celle de Clarke. que l'on trouve dans tous les cabinets de physique, et qui résume, dans sa construction, de nombreux perfectionnements.

Machine de Méritens. — Elle prit, dans l'industrie, la succession de la machine de l'Alliance. L'induit est constitué comme une véritable roue dont les rais sont en bronze et dont la jante est formée par des bobines plates juxtaposées (fig. 27). Celles-ci ont les noyaux formés par des lames en tôle de fer, découpées en forme de double T, qui viennent s'ajuster bout à bout sur la jante et que des boulons réunissent les unes aux autres. L'enroulement du fil est fait parallèlement à l'axe, et cette disposition a pour but de rendre le montage et le démontage très faciles.

Quant aux aimants inducteurs, toujours formés par des lames aimantées, ils sont placés autour de l'induit parallèlement à l'axe, et influencent les bobines, non plus par la tranche, mais par le plat.

Ces machines sont supérieures à celles de l'Alliance; elles sont employées par l'Administration des phares, à cause de leur solidité et de leur régularité ; mais elles ne peuvent lutter avec les dynamos pour le rendement, le prix de revient et la commodité d'installation.

47. D. *Quelles sont les machines dynamo-électriques les plus employées?*

R. Nous allons donner, ci-après, une description rapide et succincte des types de machines les plus géné-

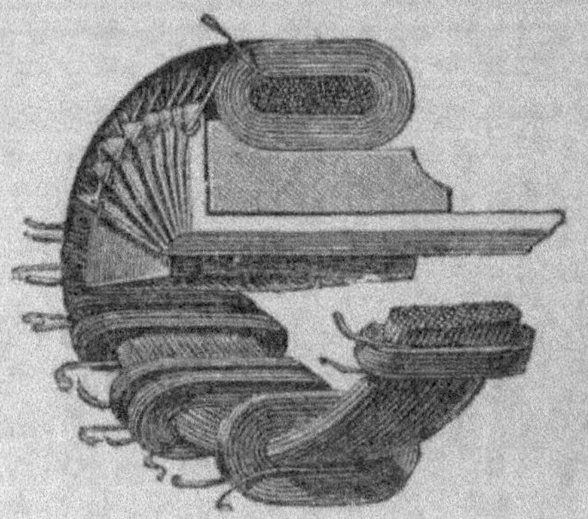

Fig. 28. — Anneau de Gramme.

ralement employées et qui donnent les meilleurs résultats, dans la pratique.

Machine Gramme. — Le principe de Gramme a donné naissance aux principales machines adoptées dans l'industrie. Ce que l'on nomme l'*anneau de Gramme* (fig. 28) est ainsi constitué : il se compose d'un anneau central, formé par un enroulement de fils de fer. C'est sur ce noyau que le fil de cuivre est enroulé sous forme de bobines séparées, qui, réunies en tension par leurs extrémités, constituent une longue hélice continue, fermée sur elle-même, dans laquelle prendront naissance les courants induits. Cette réunion des sections entre elles en fait un noyau de lames de cuivre, disposées comme le montre la figure 28, et constituant, par leur prolongement, ce que l'on nomme le *collecteur*. Celui-ci a autant de lames qu'il y a de sections de fil. Le tout est consolidé de façon que.

Fig. 29. — Machine de Gramme.

durant la rotation, les fils ne puissent se séparer. Deux pinceaux ou *balais* de fils de cuivre rouge frottent constamment sur les parties supérieures et inférieures de la gaine, de façon à recueillir les courants qui prennent naissance dans les bobines. Dans les premières machines, modèles de laboratoire, l'inducteur était un aimant; mais, dans les grandes machines industrielles, on emploie naturellement des électro-aimants.

Les petites machines Gramme, type d'atelier, ont, à un moment, rendu de grands services. Mais, à mesure que le besoin des grandes forces s'est fait sentir, et que, par suite, la construction de machines puissantes s'est imposée, les petites machines multiples, au début installées côte à côte, furent abandonnées pour l'emploi exclusif de machines moins nombreuses, mais plus puissantes.

Parmi celles-ci, une des meilleures, tant au point de vue de la construction que de la disposition des organes, est la machine exploitée par la Société Gramme, sous le nom de *Type supérieur*.

Le système inducteur y est particulièrement ramassé. Les électro-aimants, au nombre de deux, sont verticaux et formés par des noyaux de fonte creux, à section rectangulaire, venus de fonte avec le bâti et renforcés légèrement à l'endroit de la culasse.

Quant à l'induit, que les épanouissements polaires viennent presque envelopper, il reste organisé comme il a été dit précédemment. Le collecteur, claveté sur l'arbre, est formé de lames de cuivre, isolées les unes des autres et auxquelles sont soudées les extrémités des différentes sections du fil induit. Les frotteurs (balais) sont formés par des faisceaux de fils de cuivre, maintenus dans une gaîne, également en cuivre, à laquelle un ressort donne la pression convenable; et l'ensemble fait partie d'un moyeu de bronze, qui peut tourner autour de l'arbre, pour qu'on puisse régler la position des balais par rapport à la ligne neutre.

Machine Desroziers. — La machine, système Desroziers, est une machine multipolaire intensive.

L'induit est en forme de disque, sans noyau de fer, ce qui supprime l'élévation de température due à l'échauffement du noyau dans les machines à anneau ou à tambour, la perte d'énergie qui en résulte, et le danger que présente cet échauffement pour la conservation de l'isolement des fils.

La vitesse de rotation est naturellement faible et peut être abaissée de manière à permettre l'accouplement direct avec les machines à vapeur à 350 tours, et même à une vitesse encore moindre pour les machines puissantes. On supprime ainsi, d'une manière complète, les courroies de transmission intermédiaires.

Fig. 30. — Machine multipolaire Desroziers.

Ces machines possèdent la propriété importante de donner un rendement élevé à toutes charges, même avec un travail très inférieur à leur puissance totale.

Le poids et l'encombrement sont très réduits pour une puissance donnée; c'est un avantage considérable lorsqu'il s'agit de faire des installations dans des locaux peu spacieux.

Machine Westinghouse. — C'est un des nombreux

types de machines à tambour. Voici comment M. Sylvanius Thomson décrit les derniers modèles de cet alternateur :

« La machine de 150 kilowatts présente 16 pôles radiaux convergeant vers le centre et aboutissant extérieurement à une culasse commune, cylindrique, en fonte. Le noyau d'induit, qui a 60 centimètres de diamètre et 30,5 centimètres de long, est formé de disques de tôle mince, perforés en vue de la ventilation.

« L'enroulement est constitué par 16 bobines, de forme aplatie, roulées sur des mandrins spéciaux, juxtaposées ensuite sur la périphérie du noyau, sans chevauchement, et assujetties finalement par des frettes bien isolées. Les extrémités de ces bobines plates sont rabattues sur les bases du tambour et fixées sur elles. Elles sont groupées en deux séries de huit chacune. Les frettes recouvrent presque complètement la surface extérieure de l'induit.

« Cette machine pèse trois tonnes et donne 145 ampères sous 1100 volts, à la vitesse de 1080 tours par minute. Les fusées de l'arbre sont très longues et reposent sur des coussinets à siège sphérique. Pour la facilité des réparations, la moitié supérieure du système inducteur est mobile. Le courant d'excitation est de 25 à 30 ampères sous 100 volts. Le nombre des alternativités est de 8640 par minute ou 144 par seconde. Dans les machines Westinghouse les plus récentes, les bobines d'induit sont roulées sur des noyaux en disque dentés. »

Machine Thomson-Houston. — La machine Thomson-Houston est à tambours cylindriques : les inducteurs sont formés par deux cylindres creux, portés par le bâti. A l'intérieur, ces cylindres se terminent par une

calotte sphérique et, à l'extérieur, par une large partie
annulaire qui forme, de part et d'autre, les plaques
extrêmes de la machine. Ces plaques sont alors réunies
entre elles par des barres de fer extérieures, qui forment le circuit magnétique et mettent, pour ainsi dire,
la dynamo en cage.

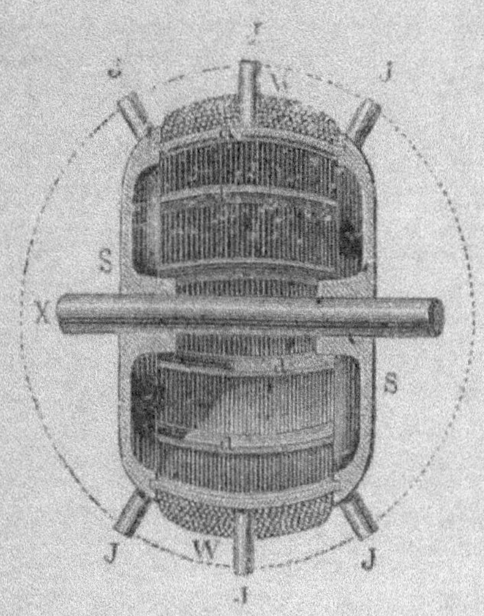

Fig. 31. — Induit de la machine Thomson-Houston.

L'induit se trouve placé dans un champ sphérique ou, sphérique lui-même, il est formé par trois
bobines enroulées sur un noyau de fer pour affecter la
forme d'un ellipsoïde de révolution.

Cet ellipsoïde est formé par deux plaques concaves S, S, fixées sur l'axe et entre les bords desquelles
on interpose des traverses en fer d, d. Sur ces traverses,
on enroule une certaine quantité de fil de fer oxydé
verni et, sur le bord des plaques S, on insère des che-

villes en bois J, qui servent de guide pour l'enroulement des bobines. Celles-ci se trouvent donc à 120° l'une de l'autre, et les trois fils entrant sont réunis ensemble alors que les trois fils sortant vont aux segments égaux du commutateur.

Fig. 32. — Machine Thomson-Houston.

L'enroulement se fait de la manière suivante : on enroule d'abord la moitié de la première bobine, la moitié de la seconde, toute la troisième, puis les deuxièmes moitiés des deux premières bobines aux points correspondants de leurs premières moitiés.

Les bobines chevauchent ainsi l'une sur l'autre ;

mais, comme le noyau est ellipsoïde, la bobine totale est sphérique.

Chaque bobine est mise hors de circuit à 60° de la ligne neutre ; à ce moment, elle est encore le siège de courants d'induction. Thomson a remplacé chaque balai par deux balais, réunis ensemble et superposés, mais faisant entre eux un angle de 35°.

Fig. 33. — Machine de Ferranti.

De la sorte, chaque bobine reste en dérivation dans le circuit, jusqu'au moment précis où elle devient inactive.

D'ailleurs, c'est au moyen de ces balais qu'on opère dans cette machine le réglage, dit *en arrière*. Ces balais sont réunis par des leviers à l'armature d'un électro-aimant actionné par le courant, lorsque, l'intensité devenue trop haute, le travail de la machine doit être restreint.

La machine Thomson-Houston est une machine à haute tension : 2 à 3000 volts ; par exemple, le type de 26 chevaux, pesant 1700 kilogrammes, peut alimenter 34 foyers à arc en tension, de 9,6 ampères et de 45 volts chacun.

La *machine Ferranti* est une sorte de machine Siemens dans laquelle l'induit est tout particulier.

Au lieu d'être formé par un enroulement de fils, il est constitué par un long ruban de cuivre (fig. 33), enroulé suivant une courbe sinueuse. Cette armature tourne devant deux rangées d'électro-aimants inducteurs fixes, et, si l'on considère deux parties radiales voisines, on voit que lorsqu'une d'elles s'approche d'un pôle N, l'autre s'approche d'un pôle S ; par conséquent, les courants induits sont de signe contraire et ils s'ajoutent comme il convient.

Le grand modèle peut alimenter 5000 lampes Swann exigeant chacune 200 volts et 0,33 ampère.

48. D. *Quelles sont les conditions d'installation d'une machine dynamo-électrique?*

R. Une première condition consiste à mettre la machine *en cage*, c'est-à-dire à lui réserver un espace clos. En effet, il faut avant tout, pour pouvoir conserver longtemps une dynamo en bon état, la mettre autant que possible à l'abri de ses deux ennemis principaux : la poussière et l'humidité. Si le système inducteur, toujours très robuste, ne craint que peu de chose, l'induit, le collecteur, les balais sont d'une extrême délicatesse. Les poussières métalliques des ateliers peuvent s'introduire et se localiser de manière à fermer des parties du circuit induit, à réunir des lames du collecteur, enfin à rendre un isolant inactif. L'influence de l'humidité est grande, car tous les isolants employés sont hygroscopiques; dès lors, leur fonction dépend du degré de sécheresse du milieu où se trouve la machine. — La machine sera isolée du sol, non seulement à cause de l'humidité, mais aussi pour la sécurité du surveillant. — Si, malgré les précautions prises, en effet, une partie active, par suite d'un accident, est en contact avec la masse, c'est-à-dire avec le bâti et que celui-ci soit à son tour mal isolé du sol, il suffit que le mécanicien vienne à toucher par mégarde un balai, pour se trouver immédiatement en dérivation sur le circuit principal, et recevoir une commotion violente et dangereuse. Le socle de la machine sera, soit un plancher de madriers sur champ, soit un massif de béton et ciment avec des boulons pris dans la masse; ou bien, comme on le préfère actuellement, la machine est mise sur rails avec un ou deux vérins pour résister à la traction des courroies. Il faut isoler la machine; à cet effet, des feuilles de carton, ou mieux de carton d'amiante, sont interposées, soit entre le bâti et le socle, soit entre le socle et la terre.

La machine étant en place, il faut rendre l'arbre de la dynamo exactement parallèle à celui de la transmission; sinon, il y aurait des accidents dans la fonction des organes. Puis, il faut vérifier l'état des circuits extérieurs et intérieurs, ce qui est facile en observant au galvanomètre le passage d'un faible courant de pile dans ces circuits. On vérifie les situations des balais, du collecteur, des circuits induits et inducteurs; cela fait, on assure le service des graisseurs et on met la machine en marche progressivement jusqu'à ce que sa vitesse normale ait été atteinte et que les appareils de mesure aient indiqué les facteurs normaux du courant.

A la machine est adjointe une boîte de résistances dont on peut intercaler des parties plus ou moins grandes dans le circuit. Au départ, on introduit toutes les résistances, et, à mesure que la vitesse augmente, on les supprime pour laisser monter l'intensité du courant au degré voulu.

Les soins de surveillance sont ceux qui sont communs à toutes les machines motrices. Il faut s'assurer, en tâtant à la main, que la température ne s'élève pas en un point des inducteurs, par suite d'une défectuosité dans le circuit. Il faut surveiller les étincelles aux balais, y remédier en assurant le serrage. Si l'inducteur paraissait en défaut, on peut chercher sur place quelle est la section malade, s'il n'y en a qu'une ou deux ; on les supprime du circuit et on force l'excitation pour continuer le service. Si c'est l'induit, dans le cas d'une bobine Siemens, il n'y a d'autre remède que de le changer. Dans le cas d'un anneau, il faut vérifier les lames du collecteur et mettre hors circuit les sections qui sont mauvaises. — Enfin, si un contact mauvais s'établit entre le collecteur et le porte-balais, on supprime la liaison qui aurait pu s'effectuer par voie de soudure.

CHAPITRE VII

Les lampes électriques.

49. D. *Sur quels principes généraux repose l'éclairage électrique ?*

R. Volta découvrit l'un des deux faits qui servent de base à l'éclairage électrique.

L'électricité qui traverse un circuit l'échauffe d'autant plus que celui-ci est plus résistant au passage du courant; à un certain degré de résistance, la chaleur se transforme en lumière; le fil devient *incandescent*. C'est en amenant le courant dans des substances linéamentaires, de mauvaise conductibilité, qu'on obtient leur éclat lumineux dans les lampes dites *à incandescence*.

H. Davy montra que si l'on établit une interruption entre deux points d'un circuit. il y a transport de matière, effectué par le courant, du *positif* au *négatif*. Par suite de l'élévation de température, ces molécules transportées sont à l'état *irradiant* (lumineux); d'où la formation de cette sorte de flamme électrique, nommée *arc voltaïque*. La nuance de la lumière change avec les conducteurs; l'éclat est d'un blanc éblouissant quand elle se forme entre deux charbons de cornue.

Fig. 34. — Arc voltaïque.

Les lampes électriques proprement dites *lampes à arc* fonctionnent en produisant l'arc voltaïque, ce que l'on nomme vulgairement la *lumière électrique*.

50. D. *Quel fut le rôle de la lumière électrique à son début; comment s'est-elle vulgarisée?*

R. L'arc voltaïque fut d'abord une curiosité scientifique; on montrait cette belle lumière dans les cours publics, où une expérience intéressante consistait à projeter sur un écran l'image des charbons, pour faire constater le transport des particules du pôle + au pôle — (fig. 34). S'il n'y avait combustion dans l'air, on retrouverait au pôle — toutes les particules parties du pôle +. La distance des charbons s'accroit non seulement en raison de la combustion d'une partie du carbone, mais la température du pôle + étant plus forte que celle du pôle —, la combustion du carbone est plus rare à ce premier; on estime la dépense des charbons à ces deux pôles dans le rapport de 2 : 1. — Dans les premiers temps, on maintenait l'arc en rapprochant les charbons à la main, au fur et à mesure de leur usure : ce n'était pas pratique pour avoir une lumière continue. — Pour obtenir non seulement une lumière continue, mais aussi un centre lumineux fixe, on imagina des appareils, nommés *régulateurs* ou *lampes électriques*, qui fonctionnent automatiquement sous l'influence même du courant. Ces appareils sont en usage dans les cours publics, où l'on a recours à la lumière électrique pour les expériences d'optique, et ils servent aussi à l'éclairage des phares. Aussi, cette belle lumière ne tarda pas à faire son apparition sur les scènes théâtrales; il y a fort longtemps que le service de l'électricité est établi à l'Opéra, etc.

51. D. *Quels sont les éléments à prendre en considération pour la production de la lumière électrique?*

R. 1° Le générateur d'électricité; — 2° le foyer lumineux; — 3° le circuit de conductibilité.

Générateur d'électricité. — Il y a à distinguer la

pile, la machine dynamo-électrique, la batterie d'accumulateurs.

Il ne peut encore être question de la pile, sauf dans les cas restreints d'expériences, et encore les principaux établissements scolaires sont munis de dynamo. En outre du travail de montage de la pile, de la non-constance du courant, qui baisse en intensité très rapidement en quelques heures, il y a le prix de revient, qui est considérable. (Par rapport à la dynamo, il est de 2 francs et quelques centimes par unité de lumière.) Il ne faut donc considérer que l'emploi des appareils dynamo-électriques.

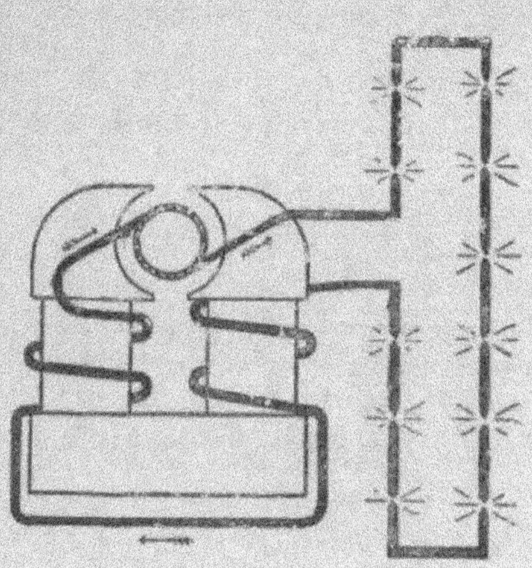

Fig. 35. — Excitation en série.

La condition primordiale, pour obtenir un bon éclairage, est d'avoir une vitesse régulière de la dynamo. Le moteur qui l'anime, quelle que soit sa nature, doit avoir une vitesse absolument constante, surtout s'il tourne lentement, car ses moindres variations sont multipliées sur l'arbre de la dynamo, en raison du rapport du renvoi du mouvement. En cas d'éclairage direct par la dynamo, les moteurs à marche périodiquement uniforme (machines à vapeur et à gaz à un seul cylindre) doivent être évités, car ils communiquent leurs variations périodiques aux lampes; il faut alors recourir à des artifices mécaniques ou électriques (accumulateurs) pour suppléer à cette irrégularité. Sauf cette restriction, on invoquera l'un des moteurs dont il a été parlé, faisant choix du système le plus économique pour le mode d'éclairage à effectuer. Nous ajouterons cependant, à ce que nous avons dit sur les machines dynamo, cette indication quant au mode d'excitation.

52. D. *Que signifient les expressions d'excitation en série, en dérivation ou compound?*

R. Les dynamos, excitées *en série* (fig. 35), sont celles dont la totalité du courant passe à travers l'inducteur, c'est-à-dire que le courant, partant d'un balai, passe dans les spires des électros, va dans le circuit extérieur et revient par l'autre balai dans la bobine. Pour régler ces machines, il faut ou en faire varier la vitesse, ou introduire une ré-

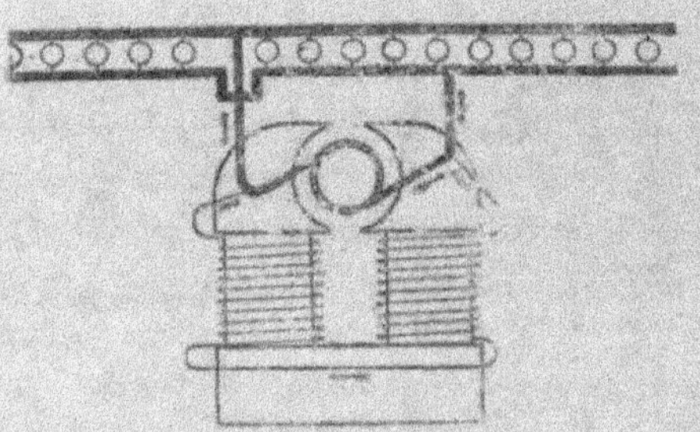

Fig. 36. — Excitation en dérivation.

sistance variable dans le circuit des inducteurs.

Dans les dynamos *en dérivation* (fig. 36), le courant total de la machine se divise en deux parties : la première, qui va du balai positif dans le circuit extérieur et revient à la machine par le balai négatif; la seconde se dirige du balai positif dans les électros, et revient directement à l'induit par le balai négatif. Dans ce cas, les électros sont à fil fin et long. On règle la machine avec un rhéostat, placé en tension, avec ces fils.

Les machines sont dites *compound* (fig. 37) quand on combine les deux sortes d'excitation afin d'annuler les variations d'intensité dans la plus grande mesure possible. Il faut régler l'intensité du courant avec le plus grand soin, si l'on veut préserver les lampes d'une destruction hâtive. — Nous n'avons rien à ajouter à ce qui a été dit sur le mode d'installation des dynamos et les soins à apporter à la surveillance de leur fonction.

53. D. *Quel est l'emploi des accumulateurs dans l'éclairage électrique ?*

R. Les accumulateurs ont deux rôles principaux à jouer : celui de réservoir d'électricité, — celui de régulateur de courant. — L'accumulateur permet de donner la lumière à tout moment par la simple manœuvre d'un interrupteur. Ils donnent une lumière d'une fixité absolue. Ils augmentent la durée des lampes, qui sont toujours traversées par un courant d'une constance parfaite. On emploiera donc, comme nous l'avons dit, les accumulateurs, dans tous les cas où la production ne marche pas de front avec la consommation. Dans

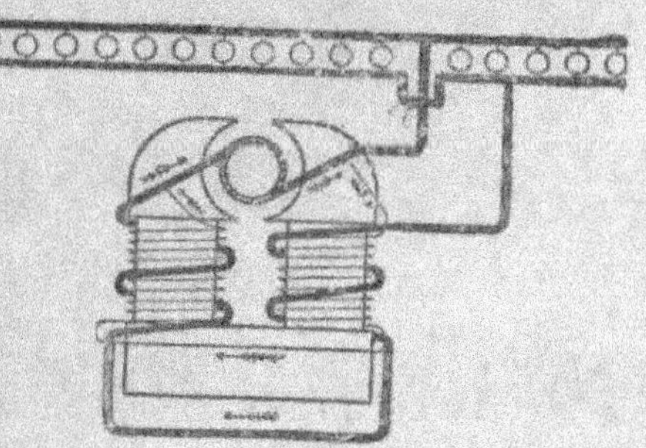

Fig. 37. — Excitation compound.

certains établissements, une partie seulement des locaux est éclairée toute la nuit, ou pendant le jour ; il ne serait pas économique de faire marcher les machines pour si peu de lampes ; on emploiera donc des accumulateurs. Il est toujours prudent, pour la bonne fonction d'un éclairage, d'avoir des batteries d'accumulateurs, comme réserve, dans le cas d'accident aux machines ou aux dynamos ; on les charge pendant le jour, et ils fonctionnent, la nuit, en cas d'avarie. Enfin, si le moteur est irrégulier, pour une raison quelconque, on installe, en observation, une batterie d'accumulateurs sur les circuits principaux et la lumière est maintenue fixe.

54. D. *Quelle est la constitution du foyer lumineux?*

R. On sait que le foyer de lumière électrique peut être constitué par *combustion de charbon*, ou formation d'arc voltaïque, ou par *incandescence*, c'est-à-dire par l'*irradiation* d'un corps rendu mauvais conducteur de l'électricité, et placé dans le vide ou dans un milieu non comburant. Les *régulateurs* et *lampes à arc* appartiennent au premier système. — On a vu comment se forme l'arc voltaïque et l'on sait que la combustion du charbon positif a une activité double de celle du charbon négatif ; il faut donc, pour que la position du point lumineux soit constante, que ces charbons puissent être rapprochés l'un de l'autre, chacun dans la mesure de son usure. — Pour les expériences d'optique, pour l'éclairage des phares, il est nécessaire d'employer de véritables appareils de précision ; ce sont les *régulateurs*. — On trouve surtout, dans la pratique actuelle, les appareils Foucault et Serrin, très employés pour les phares ; ils peuvent supporter toute la charge électrique du générateur et, au besoin, double intensité, sans alternation de la fonction des porte-charbons ; le point lumineux reste centré, malgré l'accroissement de son intensité. — Les appareils qui sont destinés simplement à l'éclairage public ou privé n'exigent pas le *fini* de construction d'appareils scientifiques comme les régulateurs ; ils sont cependant établis d'après les mêmes principes.

Comme nous l'avons dit, les modèles de lampes à arc, établis d'après les principes généraux indiqués, sont très nombreux. Parmi les plus répandus, nous citerons :

Courants continus : Bardon-Brianne, Cance, Henrion, Japy, Pieper, Postel-Vinay, Sautter-Harlé.

Courants alternatifs : Brockie-Pelle, Brianne, F. Henrion.

55. D. *Quelles sont les conditions d'entretien et de réglage des lampes à arc?*

R. A la livraison, le régulateur doit être vérifié, avant d'être mis en place (ne jamais le laisser reposer sur les tiges à charbon — on fausserait le centrage et le mécanisme — mais le tenir accroché à un support) ; l'enveloppe enlevée, on examine toutes les pièces et on vérifie si le jeu des charbons est libre. On examine au galvanomètre s'il n'y a aucune mauvaise communication.

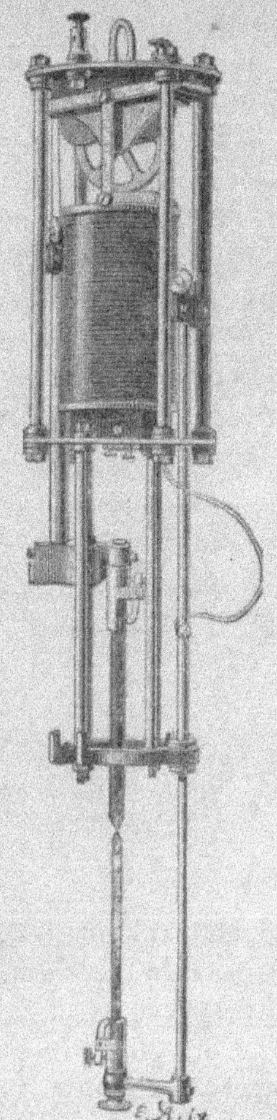

Fig. 38. — Lampe Bardon, montrant l'appareil de réglage et la disposition des charbons.

On dispose la lampe, munie de ses charbons, dans le circuit de la machine, et on intercale avec elle l'ampèremètre, le voltmètre et le rhéostat. Ces dispositions prises, on émet le courant et on observe l'arc à régler; pour que les lampes brûlent convenablement, il faut que l'arc se maintienne avec la longueur voulue; on la mesure, d'une pointe d'un charbon à l'autre, pour les courants alternatifs, et du point le plus bas de la cavité du charbon positif à la pointe négative, pour les courants continus. Voici les longueurs d'arc convenables pour les diverses intensités :

Ampères	Arc en millimètres
4	1,5
6	2
8	2,5
10	3
16	4
20	4,5
30	5
50	7
75	9 à 10

Pour régler facilement une lampe à arc, il est indispensable d'observer les déviations du voltmètre et de l'ampèremètre.

Lorsque l'arc est jaune et sans éclat, ou siffle, c'est que les charbons sont collés ou que l'arc est trop petit; dans ce cas, l'ampèremètre accuse le passage d'un courant d'une intensité supérieure à celle normale et le voltmètre accuse un nombre de volts trop faible.

Lorsqu'il se produit des extinctions fréquentes, c'est

que la force électromotrice est trop faible ou que l'écart des charbons est trop grand. Ce n'est guère qu'après une demi-heure de bonne marche que l'on peut considérer la lampe comme réglée ; alors, les aiguilles de l'ampèremètre et du voltmètre restent fixes. S'il s'agit du réglage d'un groupe de foyers, placés en tension sur une même machine, on les suspend, les unes à côté des autres, on donne à la machine la vitesse convenable, on envoie le courant dans toutes les lampes à la fois, puis on les règle chacune comme dans le cas d'un foyer unique.

56. D. *Quelle est la constitution des charbons qui doivent former l'arc ?*

R. A l'origine, on utilisait les charbons de cornue pour la fabrication des crayons. Bien que ce charbon très dur résiste assez bien à la désagrégation, son manque d'homogénéité et les impuretés qu'il renferme nuisent à la fixité de l'arc. On emploie aujourd'hui, presque exclusivement, des crayons artificiels, obtenus, soit par la compression, soit par le tréfilage d'un aggloméré de poudre de charbon aussi pur que possible et de gomme. Une première cuisson, à l'abri de l'air, débarrasse le charbon de ses hydrocarbures ; on plonge ensuite les charbons dans une solution de sucre chaude et on les carbonise en vase clos ; on répète cette opération jusqu'à ce que les charbons soient suffisamment compacts. On recouvre souvent les charbons d'un dépôt métallique, afin d'en augmenter la conductibilité. La maison Siemens fabrique des charbons dont la substance intérieure est moins dense que celle extérieure ; cette construction a pour effet de maintenir le cratère bien au centre du charbon : ils sont dits *à mèche*.

Le charbon dur a une plus grande conductibilité que le tendre; celui de cornue est encore plus résistant. De deux charbons de même dureté, celui du plus gros diamètre s'use le moins vite. Les charbons tendres, à diamètre égal, donnent plus de lumière que les durs. Suivant l'intensité du courant, les diamètres des charbons doivent changer :

Diamètre en millim.	Intensité du courant.
2	3 ampères.
4	5 —
7	7 à 10 —
10	11 à 15 —
12	13 à 20 —
15	25 à 30 —
20	40 à 80 —
30	80 à 180 —

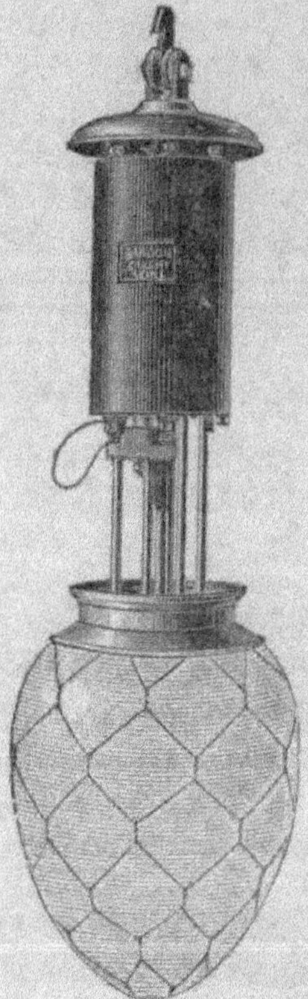

Fig. 39. — Lampe avec globe ovoïde et chapeau protecteur.

37. D. *Quelle est la durée d'éclairage des lampes usuelles?*

R. Elles sont généralement construites pour un fonctionnement ininterrompu de quatre à cinq heures ou de sept à huit heures d'éclairage. Pour les services publics de nuit, on a des lampes dont la durée est de seize heures (celle des plus longues nuits), afin d'éviter le changement des charbons. Ces lampes portent deux ou trois paires de charbons placées parallèlement. Elles sont montées en dérivation, et s'usent régu-

lièrement; car, l'arc passe successivement et alternativement de l'une à l'autre, aussitôt que l'augmentation
d'écart, résultant de l'usure des
charbons, détermine une résistance plus grande dans la paire de
charbons en fonction, que l'arc
abandonne pour se former immédiatement sur les charbons voisins.

58. D. *Quel mode d'installation
doit-on donner aux lampes à arc?*

R. Chaque lampe doit être
parfaitement isolée de la masse
sur laquelle reposent les conducteurs, surtout si le bâtiment possède une charpente métallique ou
si les lampes sont placées sur des
appareils à gaz. L'entretien et le
nettoyage doivent être suivis avec
le plus grand soin : les conducteurs mobiles, les contacts doivent
être surveillés et maintenus très
nets. La diffusion de la lumière
se fait à l'aide de globes spéciaux
et des réflecteurs dirigent l'éclairage.

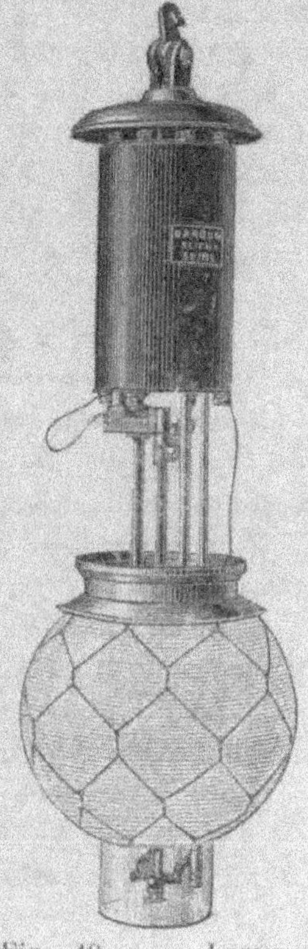

Fig. 40. — Lampe
avec globe rond et
cendrier.

Les lampes à arc, étant desti-
nées à certains grands espaces,
sont généralement suspendues assez haut; il y a lieu
d'adopter un dispositif permettant de ramener les
foyers à hauteur d'homme pour changer les charbons
ou réparer un accident. On peut adopter plusieurs
dispositions.

On entend par une lumière de 12 becs carcels celle qui éclaire une surface horizontale de la même manière que si 12 becs carcels brûlaient au point où est placé le foyer lumineux.

L'intensité lumineuse maxima, reconnue utile pour l'éclairage, correspond à 50 ampères, donnant 2000 becs carcels; celle minima, à 4 ampères, donnant 30 becs carcels : on choisit entre ces deux limites, selon l'intensité d'éclairage à donner à une étendue déterminée.

Voici quelques chiffres pour guider dans le mode d'éclairage à employer :

Pour un atelier d'ajustage, de tours, de machines-outils, il faut un foyer de 1000 à 1500 bougies pour 500 mètres carrés;

Pour un atelier de tissage, de filature, ou une imprimerie, un foyer unique pour 200 mètres carrés;

Pour un quai de manutention, un atelier de moulage, un foyer de 1500 à 2000 bougies par 2000 mètres carrés;

Dans un chantier de travaux publics, un foyer de 500 carcels convient par rayon de 100 mètres;

Dans les rues, places, gares, on se servira de lampes de 8 ampères, de 70 à 100 mètres de distance; celles de 16 ampères seront espacées de 150 à 200 mètres.

Les lampes, munies d'un réflecteur parabolique, permettent de distinguer les objets à 800 et 1000 mètres; le foyer peut être vu à 10 kilomètres. Pour l'éclairage des places, on prend des lampes de 10 ampères.

59. D. *A quel système donne-t-on le nom de bougie électrique ?*

R. Une bougie électrique est formée par deux crayons de charbon, séparés par un isolant, ou *colombin*. Elle exige, pour qu'il y ait usure égale des deux charbons, l'emploi de courants alternatifs; la machine Gramme convient pour ce service.

C'est M. Jablockoff qui proposa, le premier, ce mode de fanal électrique, perfectionné depuis par Jamin, de Méritens, etc.; on économise la construction d'une lampe, le service est simplifié, et ce système paraissait très favorable pour l'éclairage public. — Le brûleur Jablockoff est, en effet, très simple : il se compose de deux charbons cylindriques, de 4 millimètres, placés parallèlement et séparés par une matière isolante qui se consume en même temps qu'eux. Ce mélange de chaux et de sulfate de baryte se volatilise dans l'arc et en augmente l'éclat. Pour que l'allumage puisse se produire, l'extrémité de la bougie est trempée dans une pâte de charbon : sous l'action du courant, ce corps se consume rapidement; l'arc prend

Fig. 41. — Bougie Jablockoff.

naissance et se continue aux dépens du colombin. Ce foyer est recouvert d'un globe opalin, qui envoie une lumière blanche, mais en absorbe une grande quantité.

Ce mode d'éclairage (fig. 41) a eu beaucoup de succès dans les premiers temps où la lumière électrique commença à être adoptée sur les voies publiques et dans les édifices; l'emploi des machines Gramme convenait surtout pour faire des bougies Jablockoff de puissants foyers de lumière. Elle peut être considérée comme l'intermédiaire entre la lampe à arc et celle à incandescence. — Elle donne une lumière très peu fixe, par suite des irrégularités du mastic; quand l'arc s'éteint, il ne se rallume pas;

sa durée n'excède pas deux heures ; aussi a-t-on combiné des chandeliers à plusieurs bougies, dans lesquels un commutateur permet de répartir la lumière, à mesure de l'usure ; mais alors la bougie perd son principal avantage : la simplicité de l'appareil.

60. D. *Comment établit-on une lampe à incandescence ?*

R. Le principe commun à tous les systèmes consiste à faire passer un courant continu ou alternatif dans un conducteur assez *mince* et assez *résistant* pour devenir incandescent, assez *rigide* pour ne pas être brisé et fléchi par dilatation, assez *réfractaire* pour n'être ni fondu ni volatilisé. On enferme le conducteur en vase clos, dans le vide ou dans l'hydrogène, pour le soustraire à la combustion. Le fil de platine ne convient pas, il est cassant ; on préfère des filaments de matières carbonées, de diverses provenances. Edison emploie du bambou carbonisé en forme d'U ; Swann, du coton trempé dans l'acide sulfurique, puis carbonisé et replié en forme de boucle ; Maxim, du carton bristol carbonisé, découpé

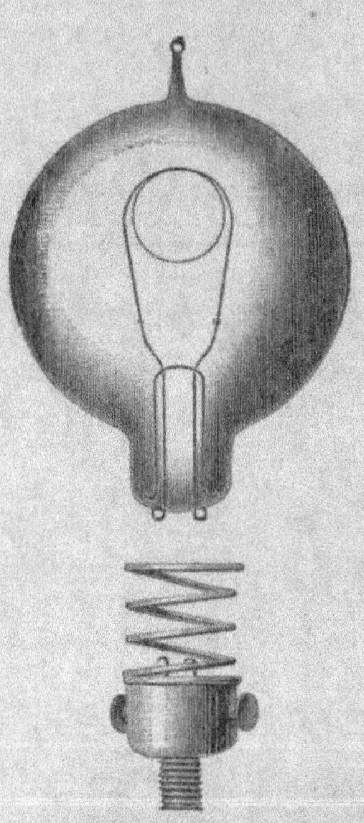

Fig. 42. — Lampe à incandescence.

en forme de M (atmosphère de gazoline); Lane-Fox, du chiendent carbonisé; Gérard, deux crayons minces de charbon aggloméré, obtenu à la filière; Bernstein, un tube de soie tissé, à minces parois, carbonisé sur un lit de graphite, etc.

Les lampes peuvent être placées soit en série, c'est-à-dire à la suite les unes des autres, soit en dérivation.

Pour obtenir une lumière fixe, il faut une constance absolue du courant; il est donc nécessaire de donner une parfaite régularité à la marche de la machine, de façon que la force électromotrice aux bornes ne change pas : de ces conditions dépendent la constance de lumière et aussi la durée des lampes. On emploie générale-

Fig. 43. — Lampe à incandescence portative.

ment les lampes de 8 à 20 bougies; celles à grande intensité lumineuse sont peu usitées et elles s'usent très vite. Les lampes à incandescence ont le grand avantage de permettre de répartir l'éclairage uniformément; en cela, elles sont préférables aux lampes à arc de petite intensité. Ces lampes sont classées d'après leur puissance en bougies, le nombre de volts et d'ampères qu'elles exigent, d'où le produit indique le nombre de watts consommés par bougie.

Il faut observer qu'en augmentant le nombre de volts, aux bornes de la lampe, on accroît très vite le pouvoir lumineux, mais c'est au détriment de la durée

Fig. 44. — Lampe-applique.

de la lampe. En les montant en dérivation, on peut éteindre l'une ou l'autre sans changer le régime des autres lampes ; c'est le mode à préférer. La durée d'une lampe peut être estimée à 1000 heures, à raison de 4 watts par bougie.

61. D. *En quoi consiste l'appareillage de ces lampes ?*

R. Les lampes sont fixées sur des douilles munies de clefs qui permettent de les remplacer quand elles sont usées. Le fixage des fils exige les plus grands soins ; un mauvais contact cause une élévation de température qui nuit au fonctionnement de la lampe.

La lampe portative de salon ou de bureau (fig. 43) est analogue à celle à gaz. Le modèle ci-contre (fig. 44) est employé pour être appliqué au mur. Ce dernier est usité pour salons, salles de théâtre, galeries, etc., isolé ou réuni en plus ou moins grand nombre pour constituer un lustre.

CHAPITRE VIII

Tableaux de distribution. — Conducteurs. — Installations de lignes.

62. D. *En quoi consiste un tableau de distribution?*

R. Ce tableau, dit *de distribution*, placé près de la ou des dynamos, réunit tous les conducteurs, appareils de distribution, appareils de mesure et de contrôle, les interrupteurs, les coupe-circuits, les rhéostats, etc.; c'est ce tableau qui est organisé de façon à assurer la régularité du service dans les diverses parties d'une installation d'électricité.

Les moins coûteux sont en bois et doivent être établis avec les précautions voulues pour éviter l'humidité. Ils doivent être à 0 m. 40 des murs, pour qu'un homme puisse regarder par derrière pour vérifier les communications établies par les conducteurs. Il faut éviter l'encombrement des fils ; ceux-ci doivent être entièrement dégagés et ne pas chevaucher les uns sur les autres : tous ces fils ou câbles aboutiront à la partie supérieure du tableau.

L'importance des tableaux de distribution (fig. 45) augmente avec la grandeur et la complexité des installations. Les appareils les composant sont très variables et dépendent d'un grand nombre de considérations : du nombre des accumulateurs, de leur mode d'emploi, du nombre des circuits, du nombre des lampes, de leur montage, des heures d'allumage, etc.

Lorsque plusieurs modes de distribution sont employés dans une même installation ou dans une même usine centrale, il est nécessaire de réunir en groupes

Fig. 45. — Tableau de distribution.

distincts tous les appareils d'un même mode de distribution. On peut les disposer sur un seul tableau; mais il est préférable, pour que la distinction soit mieux marquée, d'employer autant de tableaux distincts qu'il y a de modes de distribution.

Lorsqu'une installation comprend plusieurs dynamos de même nature fonctionnant à la même force électromotrice, elles peuvent alimenter chacune leurs circuits respectifs ou être groupées en quantité sur le réseau général de l'installation. Dans le premier cas, un jeu convenable de commutateurs devra permettre d'envoyer le courant de l'une quelconque des machines dans l'un quelconque des circuits. Dans le second cas, les appareils de commutation devront être étudiés en tenant compte des règles données sur l'association des machines.

Dans les grandes installations, où toutes les dynamos sont groupées en quantité, on installe souvent deux tableaux de distribution. Le *tableau des machines*, auquel arrivent tous les conducteurs d'amenée des courants des machines, réunit tous les appareils de réglage, de mesure et de contrôle de la production. Le *tableau des circuits*, qui reçoit le courant du premier tableau par deux câbles principaux et le distribue aux divers circuits de l'installation; il réunit les appareils de sûreté, de contrôle et d'interruption pour la consommation. Pour distribuer le courant des machines aux circuits des installations, on emploie généralement des *barres*, *dites de distribution*, en cuivre massif, et dont les dimensions et formes changent suivant les installations et les constructeurs. Il est préférable d'employer des barres dont la section totale est formée par la juxtaposition de plusieurs barres de même section, et espacées de quelques millimètres, afin d'offrir une plus grande surface de refroidissement.

Les tableaux doivent comporter, pour chaque machine : deux fils fusibles, de section suffisante pour l'intensité maxima qu'elle doit débiter (cette intensité étant dépassée, le circuit se rompt par la fusion des fils); un interrupteur ouvrant ou fermant le circuit à volonté; un voltmètre et un ampèremètre contrôlant la force électromotrice et réglant le débit. Pour chaque circuit, deux fils fusibles et un interrupteur pour l'allumage et l'extinction des lampes qu'il alimente (ou pour animer les appareils à desservir, s'il s'agit d'un autre service électrique).

On peut n'employer qu'un appareil de mesure pour plusieurs machines ou circuits; alors il faut un commutateur à autant de directions qu'il y a de circuits à mesurer. Un indicateur des pertes à la terre doit être relié à tous les circuits, pour en être immédiatement averti. Un diagramme des communications et des plaques indicatrices est adjoint au tableau.

63. D. *Quels sont les métaux employés pour la confection des fils conducteurs?*

R. Nul métal ne se prête mieux que le cuivre à constituer un conducteur pour l'électricité; c'est lui qui a le coefficient de conductibilité le plus élevé; aussi est-il généralement employé. Les fils de cuivre nus du commerce ont 4 à 5 millimètres de diamètre; pour des sections plus fortes, on préfère employer des câbles composés d'une série de petits fils tressés et réunis en torsade. Ces câbles sont plus souples que le fil unique, prêtent moins à la rupture, se cassent moins aisément; ils ont une plus grande surface de refroidissement. Les fils nus ne sont employés que dans les circuits aériens.

On emploie actuellement un alliage de cuivre très bon conducteur, sous le nom de *bronze siliceux*; on désoxyde le cuivre par le silicium, qui a la propriété de le débarrasser complètement de son propre oxyde, l'oxydule, dont les moindres traces diminuent beaucoup la conductibilité du métal. M. Lazare Weiller traite alors le cuivre siliceux par le fluosilicate de potasse en alliage de sodium et d'étain; on a alors le bronze siliceux, qui se prête facilement au tréfilage. Sa conductibilité est 97 à 99 de celle du cuivre pur, avec une résistance de 45 kilogrammes par millimètre carré, celle du cuivre étant de 28 kilogrammes.

On sait le rôle du fer à cause de l'économie.

Le maillechort (cuivre, 50; zinc, 25; nickel, 25) est employé pour le fil des rhéostats.

Le plomb est employé comme métal fusible (coupe-circuits) de sûreté, dans toutes les installations électriques, pour préserver les machines, lampes, appareils de mesure, contre tout excès de courant, d'un contact entre des fils d'aller et de retour ou perte par la terre produisant une forte absorption de courant : il faut déterminer, au préalable, l'intensité du courant capable de fondre un de ces fils de section donnée. (Soit, par exemple, un lustre de 30 lampes dont chacune consomme 1,4 ampère : si l'on prend un coefficient de sûreté égal à 3, on sera amené à employer un fil de 15,75 millimètres carrés.)

Le platine sert aux points de traversée du verre, dans les lampes à incandescence; il est employé dans toutes les connexions où il faut un contact parfait.

64. *D. Comment doit-on procéder pour l'isolement du fil conducteur ?*

R. Si les fils nous suffisent pour les lignes aériennes, pour les locaux fermés, pour les canalisations souterraines, il faut isoler les conducteurs.

L'*isolement ordinaire* ou *léger*, composé d'une couverture de coton, ruban ou tresse enduite de paraffine, bitume, etc., convient pour les fils et câbles posés dans les endroits secs et sur le bois. L'*isolement fort* est employé dans les installations industrielles: il se compose de deux couches de caoutchouc vulcanisé sur cuivre étamé, entouré de deux rubans avec enduit spécial. Ces câbles résistent à la chaleur et à l'humidité et conviennent pour des courants supérieurs à 200 volts. Avec trois couches de caoutchouc et trois rubans, l'isolement est *très fort*; il résiste à 400 volts.

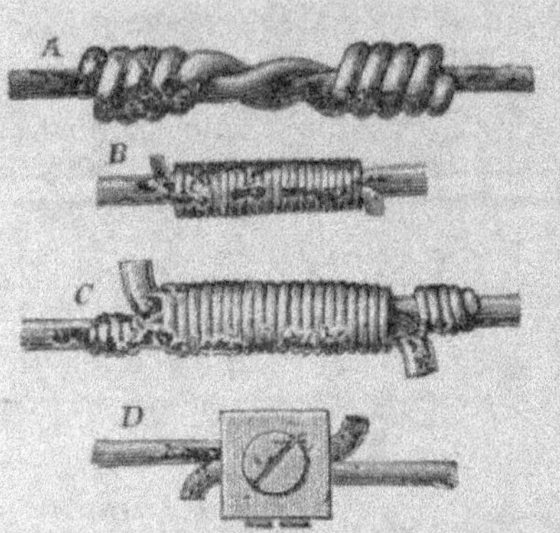

Fig. 46. — Différents modes de raccord.

Les *câbles sous plomb* sont employés dans tous les cas où ils doivent être immergés dans l'eau, ou placés dans les égouts, ou sous terre : l'isolement doit être parfait avant la mise sous plomb.

Pour les appareils d'éclairage mobiles : lampes portatives, herses, portants, on emploie des cordons souples, formés de deux conducteurs isolés au caoutchouc et recouverts de soie.

65. D. *Comment raccorde-t-on les fils?*

R. Le raccord de deux fils se fait au moyen d'une ligature, ou au moyen de serre-fils, bornes, etc.

L'un des meilleurs moyens consiste à entourer l'attache d'un fil fin et à souder le tout. Pour réunir deux fils, les deux bouts sont dépourvus de leur isolant ; on les nettoie au vif sur une longueur de 10 centimètres ; ces fils sont tordus l'un autour de l'autre, puis on recouvre le tout d'une couche de gutta fondue et, finalement, d'une enveloppe de soie. Pour les câbles, on opère d'une façon identique pour chaque brin. Au lieu de rattacher ainsi les fils, dans les installations volantes, où le raccordement doit être fait avec rapidité, on emploie les *serre-fils* : les fils s'engagent dans les cylindres métalliques, où des pinces bien établies doivent les serrer bien à plat et énergiquement, sans les briser ; en voici des modèles (fig. 46).

CHAPITRE IX

Téléphonie.

66. D. *Quel est l'objet de la téléphonie ; qu'est-ce qu'un téléphone ?*

R. La *téléphonie* est l'ensemble des procédés employés

Fig. 47. — Principe du téléphone Graham Bell.

pour transmettre la parole à distance, à l'aide de l'électricité ; on nomme *téléphones* les appareils qui servent à cette transmission.

67. D. *Qu'est-ce que le téléphone à ficelle ?*

R. C'est un simple jouet qui est connu depuis près de deux cents ans ; il est fondé sur ces deux propriétés : 1° Une membrane est susceptible de répercuter tous les sons ; 2° Les solides sont d'excellents conducteurs des vibrations sonores.

Deux tambours sont munis d'une membrane en parchemin ; on les réunit par un fil fortement tendu (on peut se servir d'un fil métallique) ; la distance pourra être de quelques centaines de mètres. Si l'on parle devant un tambour, les paroles seront répétées par la membrane du second. Il y a donc longtemps que le principe du *téléphone parlant* est connu.

68. D. *Quel est le premier téléphone parlant qui ait été mis en pratique ?*

R. Ce premier téléphone a appliqué l'électricité au perfectionnement du téléphone à ficelle. C'est en 1876, à l'Exposition de Philadelphie, que Graham Bell présenta un téléphone, capable de reproduire le son avec son intensité et ses nuances, au moyen duquel une conversation pouvait s'engager clairement entre deux personnes distantes de plusieurs kilomètres. Cet appareil est le type des *téléphones magnétiques*.

La disposition est représentée figure 47 : le transmetteur et le récepteur sont identiques : un fil les rejoint et le retour peut se faire par la terre. La membrane de l'instrument est une lame mince de fer, devant laquelle se trouve le porte-voix e. Derrière cette lame, se trouve le barreau aimanté NS ; un pôle de ce barreau pénètre dans la bobine d'induction b ; les pôles sont reliés à l'autre appareil, comme il est indiqué. Lorsqu'on parle dans l'embouchure, les vibrations sonores se communiquent à la lame de fer, qui s'approche et s'éloigne alternativement de l'aimant, d'où accroissement et diminution de magnétisme dans celui-ci ; et, d'après les lois de l'induction, il se produit, dans la bobine b, des courants alternatifs qui gagnent la bobine b' ; ces courants modifient, à leur tour, le magnétisme de l'aimant $N'S'$, lequel appelle et repousse la lame de fer qu'il commande et lui communique ainsi le mouvement vibratoire perçu au transmetteur, d'où la reproduction exacte du son émis.

69. D. *Quelles sont les améliorations du type G. Bell?*

R. Le *système de Gower* est aussi remarquable par la reproduction puissante des paroles, qui peuvent être entendues dans un rayon plus considérable; il a l'inconvénient d'être trop sensible. L'auteur emploie un aimant très puissant et donne une grande surface à la membrane active; celle-ci a, en outre, une plus grande épaisseur que dans les systèmes précédents. L'aimant NOS (fig. 48) a la forme d'un demi-cercle; ses pôles sont dirigés diamétralement vers le milieu et recourbés pour pénétrer dans les bobines d'induction. L'appel se fait

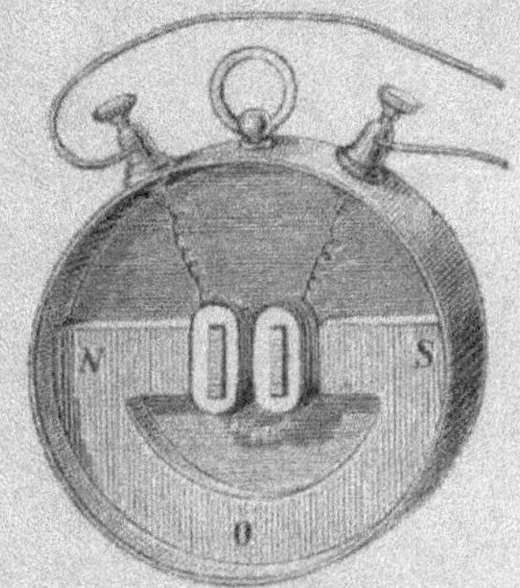

Fig. 48. – Téléphone Gower.

avec une languette d'harmonica, placée derrière la membrane. Pour faire résonner l'appel, on se sert d'un tuyau à porte-voix dans lequel on souffle fortement.

70. D. *Sur quel principe est établie la téléphonie à grande distance?*

R. Le principe consiste à faire varier, selon les vibrations sonores émises, l'intensité du courant qui est émis sur la ligne téléphonique; alors, une pile est nécessaire, d'où le nom de *téléphone à pile* donné à l'appareil. Le récepteur sera un Graham Bell perfectionné, de façon à être plus sensible; mais, le transmetteur est totalement différent et fondé sur un principe très original.

Edison montra, le premier, que la résistance du

charbon au passage de l'électricité *diminue avec la pression* qu'on lui fait subir, et que, par conséquent, la *force du courant qui le traverse augmente*. Edison établit un *transmetteur téléphonique*, fondé sur cette propriété du charbon, en le combinant avec un récepteur du genre G. Bell. Comme appareils du même genre, on peut citer celui de Righi, puis de Bréguet, de Dolbear,

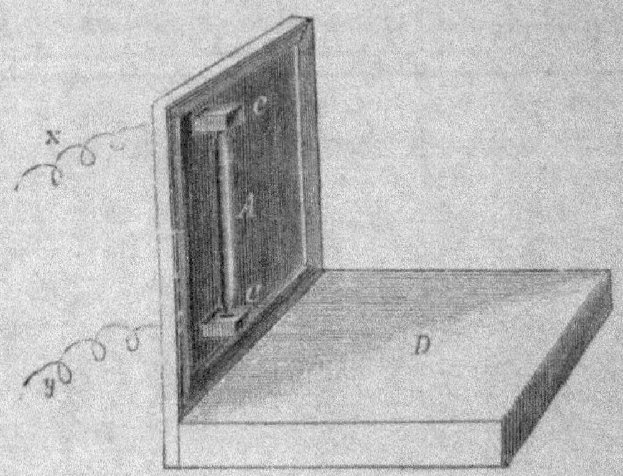

Fig. 49. — Microphone Hughes.

de Thompson. Mais le véritable perfectionnement, toujours fondé sur le même principe, fut donné, en 1878, par Hughes, l'auteur du télégraphe imprimeur. Le *microphone* de Hughes est fondé sur ce principe, que : si, dans un circuit parcouru par un courant, on place un téléphone, et, en même temps, un cylindre de charbon pouvant être ébranlé sur ses contacts, les plus légères vibrations imprimées au charbon modifient assez la résistance des points de contact et, par suite, l'intensité du courant, pour produire des effets téléphoniques. La disposition présentée par Hughes (fig. 49) est celle-ci : un petit crayon de charbon de cornue A repose, par ses deux bouts pointus, sur les cavités de deux petits morceaux de charbon C, C, qui sont fixés sur une caisse sonore, pourvue d'une planche, qui lui sert de pied : ces charbons sont en relation avec la pile et le récepteur téléphonique. En parlant devant la plaque D, on transmettra au loin non seulement les sons, les paroles, mais encore les plus légers bruits, ceux provenant du frottement d'une plume, de la marche d'un insecte, seront perçus très nettement et deviendront même de forts bruits, au récepteur.

Le *système Ader* est celui adopté, en France, par la Société des Téléphones. Chaque poste comprend : d'une part, un transmetteur, dont le jeu repose sur le même principe que le microphone de Hughes et qui sera mis en vibration par la voix de l'interlocuteur placé à ce poste ; d'autre part, un récepteur, formé par un système de deux téléphones, que l'on appliquera sur les deux oreilles, afin de mieux percevoir les sons émis.

La disposition du récepteur diffère un peu de celle du téléphone Bell. C'est un petit aimant en fer à cheval, fixé à l'intérieur du disque, en caoutchouc durci, qui forme la base de l'embouchure. Dans la même monture, en regard de chacun des pôles de l'aimant, se trouve une petite bobine, que traverse le courant : on a ainsi l'avantage de soumettre la petite plaque de fer à l'action des deux pôles à la fois, ce qui donne aux sons produits plus d'intensité.

71. D. *Comment les réseaux téléphoniques sont-ils organisés dans les villes ?*

R. Un réseau comprend un ou plusieurs bureaux centraux, auxquels les abonnés sont reliés par des lignes aériennes ou souterraines : nous venons d'indiquer l'installation d'un poste d'abonné. Un bureau central comprend :

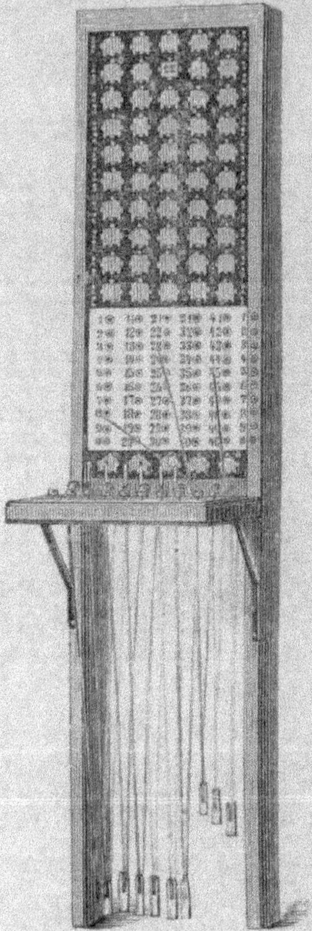

Fig. 50. — Tableau de permutation.

1° Une série d'avertisseurs (*annonciateurs*), en nombre égal à celui des abonnés, permettant à ceux-ci d'appeler au bureau central et à celui-ci de connaître immédiatement le numéro de l'abonné qui appelle.

2° Plusieurs postes téléphoniques mobiles (un par employé au moins), qu'on peut facilement, par le jeu d'un commutateur, relier à l'une quelconque des lignes aboutissant au bureau, ce qui permet aux employés de correspondre avec les abonnés.

3° Un ou plusieurs tableaux de permutation, qui permettent de relier momentanément, au moyen de fiches métalliques et de conducteurs souples, deux quelconques des lignes qui aboutissent au bureau. Les annonciateurs sont très simples; ils sont composés essentiellement d'un électro-aimant, dont l'armature, lorsqu'elle est attirée, laisse tomber un

petit disque portant gravé le numéro de l'abonné qui
appelle. L'appel entendu, l'employé remet en place la
plaque mobile du commutateur. La forme des tableaux
est variable et se complique avec le nombre des abonnés; la figure 50 indique un dispositif de tableau pour
cinquante abonnés. Chaque ligne d'abonné, après
son entrée dans le bureau, passe par un parafoudre,
puis par un des annonciateurs, et aboutit à l'une

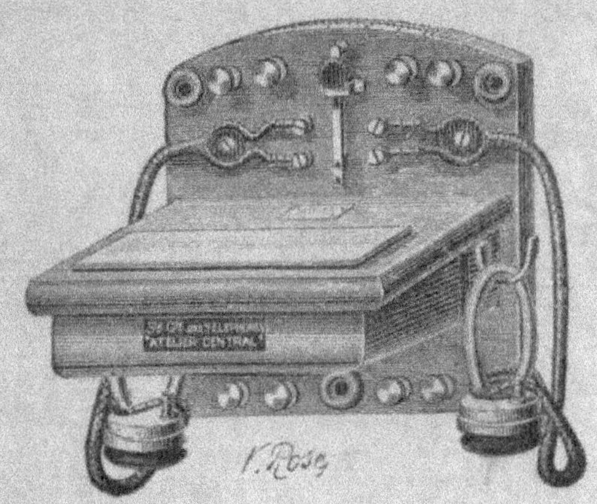

Fig. 51. — Poste Ader fixe.

des barres verticales du tableau. La barre horizontale est destinée à permettre à l'employé de
placer son téléphone dans le circuit avec l'une quelconque des lignes aboutissant au tableau; l'autre barre
lui permet d'appeler l'un quelconque des abonnés.
Enfin, pour relier l'un à l'autre deux abonnés, il suffit
de placer les chevilles de ces abonnés sur une même
transversale non encore occupée. Pendant que les
abonnés communiquent ensemble, leurs annonciateurs
restent en circuit; lorsque la conversation est terminée,

l'abonné, qu'a appelé le bureau, envoie un courant dans la ligne ; les plaques des deux annonciateurs tombent, et l'employé rompt la communication en replaçant les chevilles sur la dernière barre horizontale.

72. D. *Comment sont constituées les lignes téléphoniques ?*

R. En Europe, c'est Paris qui possède le plus grand réseau téléphonique. Toutes les lignes sont placées dans les égouts. Les fils, qui réunissent les appareils des abonnés avec les stations centrales, comme ceux qui unissent ces stations entre elles, sont assemblés en un câble entouré de plomb et suspendu sous la voûte d'égout. Chacun de ces câbles contient 14 fils, isolés l'un de l'autre, qui forment 7 doubles circuits ; chaque câble a 18 millimètres de dia-

Fig. 52. — Poste Ader.

mètre. La longueur moyenne du circuit entre un bureau et un abonné est de 1146 mètres. Dans les conditions de la téléphonie urbaine, surtout à Paris, il vaut mieux employer le double circuit métallique et renoncer au retour par la terre : celui-ci apporterait du trouble dans le fonctionnement des appareils. Pour les grandes distances, ces dérangements s'anéantissent. Les câbles de Paris sont à conducteurs doubles; chacun se compose d'un toron de 3 fils de cuivre, de 5 millimètres de diamètre, couvert d'une couche de gutta de 1 millimètre et recouvert de coton. Les deux conducteurs d'une ligne sont d'enveloppe de même nuance et cordés ensemble au pas de 10 centimètres. Les sept conducteurs doubles sont enfermés dans un tube de plomb de 1 millimètre d'épaisseur et 18 millimètres de diamètre extérieur : un mètre de ce câble pèse 650 grammes et coûte de 3 à 4 francs.

73. D. *Comment doit-on installer la communication téléphonique dans les locaux particuliers, magasins, hôtels, sièges d'administration?*

R. Considérons un poste Ader; il s'installe de la façon suivante :

L'appareil (fig. 51) est fixé au mur par des vis passant dans les champignons en caoutchouc disposés sur l'appareil. Si le local est humide, il faut interposer, entre le mur et l'appareil, un plateau en bois. La pile est enfermée dans une boîte placée dans un endroit sec, à l'abri de la chaleur et à portée des appareils. La sonnerie est installée en position convenable pour être bien entendue. Sonneries et piles sont reliées à l'appareil par des fils isolés, dits fils de sonnerie. On peut supprimer la pile d'appel pour la sonnerie, en employant un *magnéto* disposé dans une boîte et fixé sur l'appareil même (fig. 52). Entre le transmetteur et le magnéto se place le parafoudre. Au repos, les récepteurs se trouvent accrochés à leur poste. Pour appeler, on tourne la manivelle : si la ligne est en bon état, la sonnerie du poste se fait entendre pendant le mouvement de la manivelle : le poste appelé répond par sonnerie, à son tour. Ceci fait, on décroche les récepteurs et on parle. En cas d'orage, on met le parafoudre en ligne, en plaçant la fiche en ébonite dans le trou indiqué; mais il faut l'enlever pour que l'appareil puisse fonctionner.

Pour ces lignes privées, on peut employer le retour par la terre; mais il faut se préoccuper d'avoir *une bonne prise de terre*. Dans les endroits où se trouvent des conduites d'eau ou de gaz en plomb, on se sert de ces conduites pour prendre la terre. Dans ce cas, le fil conducteur, venant, soit de l'appareil, soit du parafoudre, est généralement un petit câble composé de 3 fils de cuivre nu, tressés ensemble. On enroule plusieurs fois ce conducteur autour de la conduite d'eau ou de gaz, en assurant un bon contact par un décapage préalable, puis une soudure à l'étain; on peut prendre deux terres, une sur l'eau, l'autre sur le gaz.

Fig. 53. — Home Téléphone fixe.

Sous le nom de *Home Téléphone*, on désigne un téléphone qui, malgré des dimensions restreintes (diamètre de 0 m. 06), est d'un bon fonctionnement; il peut s'adapter à toutes les sonneries sans qu'il y ait rien à changer aux piles ni aux fils. La figure 53 le présente sous la forme de bouton appliqué contre le mur. La partie M est un cylindre qui renferme le microphone, et à la partie antérieure duquel vient s'appliquer le téléphone récepteur R, maintenu en place par le commutateur vu à la partie haute de la figure. Au-dessous, est un bouton B, qui sert à l'appel et qui ferme le circuit sur la sonnette du poste opposé, quand on le pousse. Enfin, un cordon souple contient les conducteurs qui relient les postes. La figure 54 montre les

Fig. 54. — Home Téléphone (vue intérieure).

deux parties détachées l'une de l'autre : M est la plaque vibrante du microphone devant laquelle on parle, et R la face du transmetteur qu'on met à l'oreille ; ainsi séparées, les sonneries sont mises hors circuit, et y reviennent quand on rejoint les deux parties de l'appareil ; chacun d'eux est muni de sa sonnerie.

On leur donne la forme *presse-papier*. La figure 55 montre avec quelle commodité on manœuvre ce genre de téléphone; il est si sensible qu'on parle sans avoir besoin de s'approcher au contact de l'appareil.

Comme *sonneries*, le système le plus sûr et le plus économique est celui dit *Trembleur*.

Sur une planchette verticale est fixé un électro-ai-

Fig. 55. — Home Téléphone mobile.

mant dans lequel, par une borne, arrive le cou- rant de la ligne; de l'électro-aimant, le courant gagne une lame élastique (lame battante) qui porte l'arma- ture de cet électro-aimant, puis une lame de laiton sur laquelle elle pose, et revient enfin à la pile; la lame battante porte le marteau destiné à frapper sur le timbre. Si le courant passe, l'électro-aimant appelle son armature, d'où battement sur le timbre ; mais si le courant est interrompu, la lame battante ayant quitté son appui revient par son élasticité, retouche l'appui, d'où nouveau passage du courant, etc. ; ces mouvements s'effectuent avec la plus grande rapidité. D'autres sonneries, dites à déclanchement, sont plus délicates : le courant agit sur un électro-aimant dont l'armature, lorsqu'elle est appelée, déclanche un mouvement d'horlogerie, lequel permet au mécanisme d'exécuter un roulement continu, pendant un certain temps.

Lorsque la sonnerie est dite à *voyant*, elle laisse une trace de l'appel ; l'annonciateur tombe à l'arrivée du courant et actionne la sonnerie, qui fonctionnera jusqu'à ce que l'annonciateur soit relevé.

Le *Parafoudre* consiste, le plus généralement, en un fil de fer fin, convenablement installé dans un support, et qui doit être assez conducteur pour laisser passer le courant de la ligne ; mais, il sera brûlé immédiatement si une charge électrique inusitée pénètre sur la ligne : alors, le circuit est rompu, et appareils et manipulateurs sont préservés.

On a des systèmes à pointes ainsi composés :

1° Pour chaque direction, d'une lame de cuivre, dont l'un des côtés est dentelé, en communication avec la ligne correspondante ;

2° De lames de cuivre disposées parallèlement aux précédentes et communiquant avec la terre ;

3° De lames de cuivre disposées sur un plan supérieur et séparées du plan inférieur par une feuille mince de papier paraffiné (ces lames aboutissent aussi à la terre).

Cet ensemble est disposé sur un bloc en bois et à

8

proximité de l'appareil ; on l'intercale dans le circuit en temps d'orage. Le papier, brûlé par la foudre, doit être remplacé.

Parmi les applications curieuses de la téléphonie, il faut citer les auditions théâtrales, qui datent de l'Exposition d'électricité, à Paris, en 1881. M. Ader avait relié un pavillon du palais de l'Industrie avec l'Opéra et le Français : des transmetteurs, organisés sur les scènes de ces théâtres, recueillaient les voix des artistes ; les lignes avaient plus de 2 kilomètres ; les perceptions des sons et des voix des artistes étaient admirables de netteté. Depuis, le *Théâtrophone* permet d'entendre, à distance, les pièces jouées sur les diverses scènes de Paris. Cette installation a lieu boulevard des Italiens ; elle est très suivie ; nombre d'amateurs s'offrent, pour un prix modique, une ou plusieurs séances à différents théâtres, et cela, en se bornant à changer de téléphone.

CHAPITRE X

Sonneries électriques.

74. D. *De quels éléments se compose une installation de sonnerie électrique ?*

R. 1° D'une ou plusieurs piles électriques ;

2° De fils conducteurs ;

3° D'une sonnerie avec ou sans indicateurs ;

4° D'appareils de contact ou d'appel.

75. D. *Quelles sont les piles usitées pour les sonneries et comment sont-elles disposées ?*

R. On emploie généralement des piles qui ne s'usent pas ou presque pas lorsque le circuit est ouvert ; nous avons parlé, dans le chapitre III, de la pile

Leclanché-Barbier qui est la plus usitée, nous renverrons donc le lecteur à ce chapitre pour la description des piles.

Les éléments au sulfate de cuivre, au sel marin, Leclanché, Callaud, Daniel sont les plus économiques; placés dans un endroit ni trop sec, ni trop humide, enfermés dans une boite, ces derniers fonctionnent, sans être rechargés, au moins une année et leur durée totale est d'environ cinq ans.

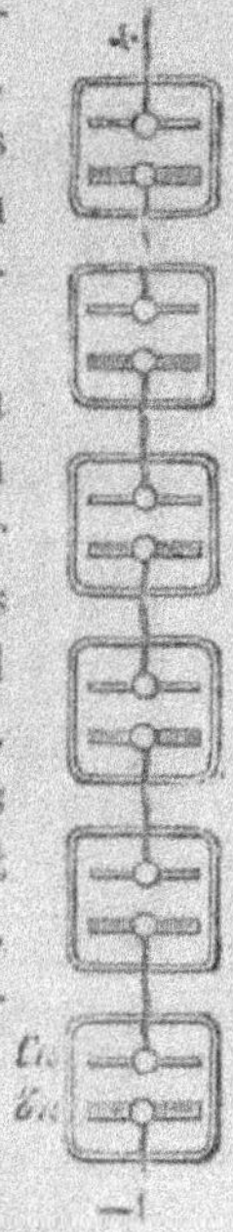

Il faut entretenir le niveau de l'eau à peu près aux deux tiers de la hauteur; lorsqu'on s'aperçoit que la pile faiblit, il faut remplacer par de l'eau fraiche celle contenue dans les vases et ajouter 60 à 120 grammes de sel ammoniac, selon la dimension des éléments.

Pour une sonnerie simple, il faut toujours deux éléments; pour deux sonneries sonnant ensemble, trois éléments, et ainsi de suite. Un tableau indicateur exige cinq à six éléments.

Les piles doivent toujours être montées *en tension*, c'est-à-dire les unes derrière les autres (fig. 56). Un fil conducteur, fixé à la borne d'attache, doit réunir le zinc de la première pile au charbon de la suivante, et ainsi de suite, de telle sorte que la réunion des piles se termine toujours par une extrémité zinc et une extrémité charbon (ou cuivre, selon le modèle adopté).

76. D. *Quels fils conducteurs emploie-t-on pour les sonneries électriques?*

R. Le fil de cuivre, qui est à la fois souple, résis-

Fig. 56.
Piles
montées
en
tension.

tant et bon conducteur, est généralement employé.

Dans les appartements, il est souvent recouvert de fil de coton assorti à la couleur de l'ameublement;

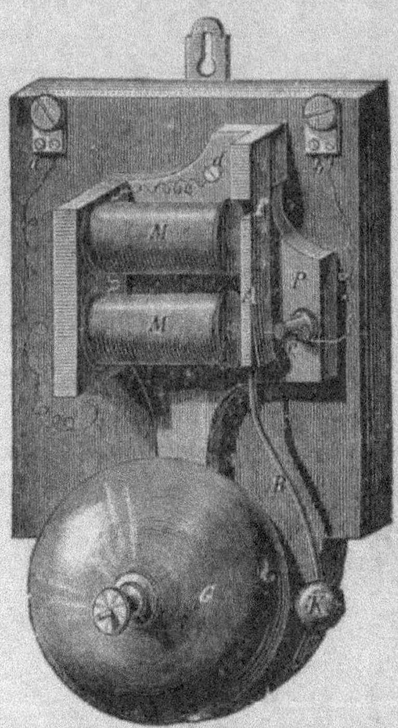

Fig. 57. — Avertisseur à sonnerie.

dans les endroits humides ou les bâtiments de construction récente, on le choisira, de préférence, recouvert de gutta-percha.

Lorsque la ligne traverse une cour ou un jardin, soit qu'elle soit sous terre ou en plein air, il est préférable d'employer un fil de cuivre, recouvert d'une enveloppe de plomb.

Il est utile, pour fixer les fils, d'employer des crochets émaillés et des isolateurs en os. L'emploi des clous à crochets ordinaires doit être évité ; car, si les clous se rouillent, une dérivation se produit et la sonnerie tinte d'elle-même, ou, si la dérivation est faible, la pile, fermée sur elle-même, se détériore rapidement.

77. D. *Qu'est-ce qu'un avertisseur à sonnerie?*

R. La sonnerie se compose d'un électro-aimant M (fig. 57); le fil d'entrée aboutit à la borne a; une palette de fer doux A, sur laquelle est fixé un ressort B, se termine par un petit marteau K; c est une vis isolée en communication avec la borne b.

La feuille du ressort f couvre toute l'armature A, de façon à faire ressort par son bout libre contre la vis de contact C.

Fig. 58. — Tableau indicateur.

L'électro-aimant se compose d'une barre de fer doux; sur chaque branche s'enroule un fil; le courant qui traverse le fil produit l'aimantation de la barre de fer; à la rupture du courant, l'aimantation cesse.

Si le courant traversait directement l'électro, la palette A resterait attirée tant que durerait le passage du courant, et le timbre G, frappé par le marteau K, ne produirait qu'un son unique. La succession de sons est obtenue ainsi qu'il suit :

Le courant, entrant par la borne a, traverse l'électro-aimant et se rend par le fil *d* à la palette A, gagne le ressort *f*, retourne à la batterie par *c*, *b* et le fil qui s'y rapporte ; les noyaux de fer de l'électro se magnétisent et attirent l'armature A ; pendant que celle-ci s'éloigne de *c*, le courant est interrompu ; les noyaux se démagnétisent de nouveau, abandonnent l'armature au ressort *f*, qui la pousse de nouveau contre le contact *c* : le circuit se trouve fermé, l'armature réattirée, et

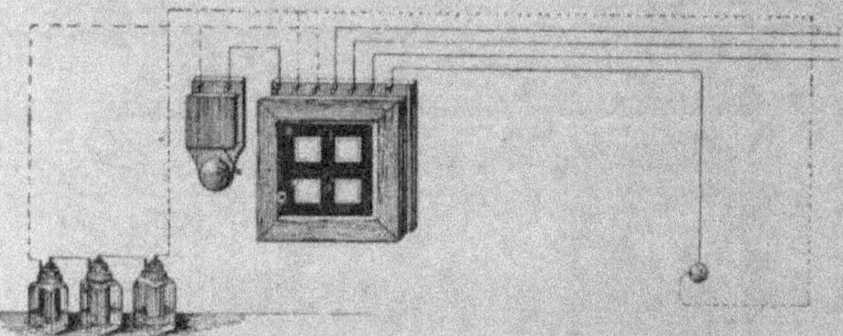

Fig. 59. — Sonnerie et indicateurs.

cette attraction amène une nouvelle interruption de courant ; ce double effet persistera tant que durera le courant.

Lorsque les sonneries sont placées dans une antichambre, et pour que l'on puisse distinguer le point d'où vient l'appel, on utilise des timbres dont le son diffère : clochettes rondes ou ovales, grelots, etc.

Pour éviter la confusion, dès que le nombre des appels différents atteint quatre ou cinq, il devient avantageux d'employer un tableau indicateur (fig. 58).

Chaque contact ou bouton aboutit à une borne spéciale fixée sur le tableau.

Chaque appel fait tinter une sonnerie unique placée près ou même à l'intérieur du tableau.

Le tableau présente des guichets en face desquels un petit mécanisme, traversé par le courant, fait apparaître un numéro ou une indication.

La personne appelée fait disparaître l'indication en appuyant sur un bouton placé sur le tableau.

La pose est aussi simple que celle des sonneries : la figure 59 en donne un exemple de disposition ; remarquons seulement que le nombre des bornes est supérieur de trois au nombre des guichets.

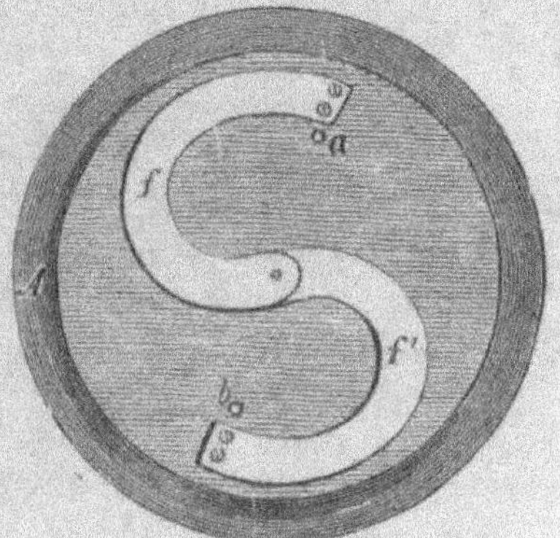

Fig. 60. — Bouton
électrique.

Fig. 61. — Ressorts de contact
du bouton électrique.

Ces trois bornes, affectées à la pile et à la sonnerie, sont placées à la gauche du tableau dans l'ordre suivant, généralement adopté : borne 1, sonnerie; borne 2, fil charbon; borne 3, fil zinc; borne 4 et suivantes, fils venant des boutons.

78. D. *Décrire les appareils de contact.*

R. Il nous reste à indiquer les très nombreux modes de contact qui produisent, soit au moyen d'une pression, soit automatiquement par l'ouverture d'une porte, d'une fenêtre, etc., une excitation de courant ou une interruption de courant, et produisent un appel des sonneries et des tableaux indicateurs.

Les appareils qui se trouvent, dans la ligne, au point où l'on appelle, et qui servent à envoyer ou à interrompre le courant s'appellent, lorsqu'il ne s'agit que de simples lignes de signaux, boutons d'appel, boutons de pression ou contacts.

Le bouton de pression représenté par la figure 60 se

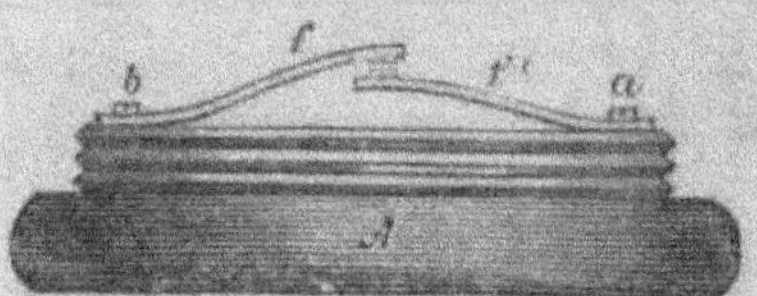

Fig. 62. — Ressorts de contact.

compose de trois parties : de la plaque du fond A, en bois ou en corne, qui porte les ressorts de contact f et f', du couvercle B en bois, corne, ivoire ou métal, qui se visse dessus, et du bouton C de corne ou d'ivoire. Les ressorts de contact, en acier ou en argent, ont la

Fig. 63. — Bouton de pression.

forme représentée dans les figures 61 ou 62; ils sont réunis par des vis avec les bouts des fils conducteurs, que l'on met à nu et que l'on passe par les trous a et b.

Le bouton C porte dans le bas, comme le montre la figure 63, un bord rond qui dépasse et qui l'empêche de sortir du couvercle B, dans lequel on ne peut le placer qu'après avoir vissé celui-ci de la plaque du fond A. Pour dévisser de nouveau la plaque du fond, on tient le couvercle avec le bouton incliné vers le bas. Ceci fait, si l'on presse sur le bouton, le ressort supérieur f touche le ressort f' qui se trouve au-dessous, et, par suite, le circuit se trouve fermé.

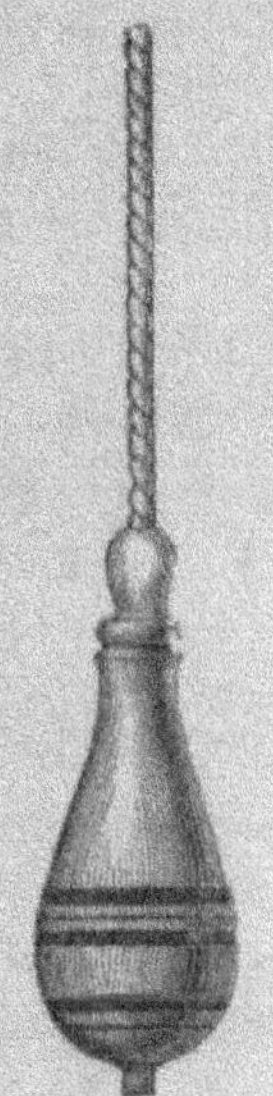

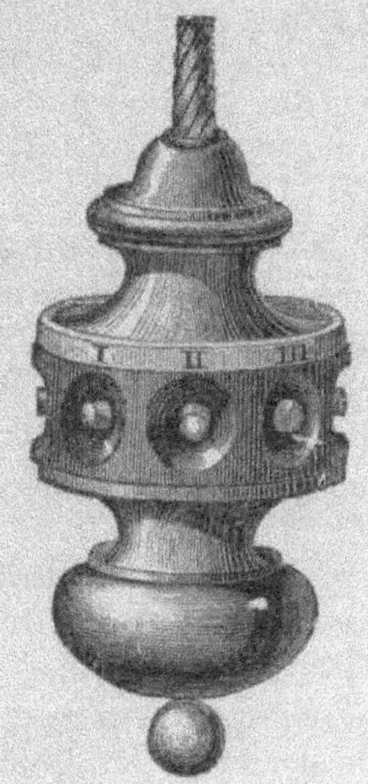

Fig. 64. — Bouton d'appel
en forme de poire.

Fig. 65. — Bouton d'appel
agissant sur plusieurs lignes.

Dans les appels qui sont suspendus, les dispositions de contact se trouvent dans une poire de bois, corne ou ivoire. Les fils conducteurs, qui doivent posséder, avec une grande souplesse, une grande solidité, sont isolés chacun séparément par des enroulements de fils de soie, puis tournés ensemble en forme de corde, que l'on recouvre encore de soie pour en augmenter la solidité.

Dans l'appareil représenté par la figure 64, le bouton d'appel se trouve à la partie inférieure de la poignée, qui a la forme d'une poire. Les deux fils, qui partent des ressorts de contact qui sont à l'intérieur, sont réunis en une corde fixée au plafond et mis là en communication, soit au moyen de bornes, soit de toute autre manière convenable, avec les fils de la ligne.

La figure 65 nous montre un appareil suspendu pouvant agir sur plusieurs lignes. Les boutons d'appel sont placés sur les côtés. Chacun d'eux est relié avec un fil, et un seul fil sert de conduite de retour pour tous. Pour un appel à sept boutons, par exemple, la corde de suspension se composerait donc de huit fils isolés et réunis ensemble comme nous l'avons expliqué plus haut.

Parmi les appareils automatiques, citons le contact de porte (fig. 66) que l'on fixe complètement dans le montant de la porte par la partie AA. Dans sa partie inférieure se trouve une pièce contre laquelle pousse, dès qu'on ouvre la porte et tant qu'elle restera ouverte, le ressort f, qui est en communication avec elle; dès qu'on ferme la porte, cel'e-ci presse, par le point K, sur le ressort f et éloigne celui-ci de la pièce de contact c. Si AA est en communication avec l'un des fils d'une batterie, si la pièce de contact isolée c l'est avec l'autre fil, et s'il existe dans le circuit une sonnerie électrique avec interrupteur automatique, celle-ci sonnera aussi longtemps que la porte restera ouverte.

Fig. 66.
Contact de porte.

S'il n'existe pas de motifs particuliers pour que la sonnerie marche aussi longtemps et si, au contraire, on ne demande qu'un coup de sonnette passager pour annoncer l'ouverture et la fermeture d'une porte, ou l'entrée d'une personne, l'application de ce que l'on appelle un contact à butoir est beaucoup plus simple ; la figure 67 en donne le dessin. Deux ressorts de contact *a* et *b*, platinés à leur point de contact, se trouvent adaptés sur une équerre métallique *cd*. Le ressort *b* porte, à son extrémité inférieure, un morceau de corne arrondi K. La disposition entière est vissée par la surface *c*, visible dans le dessin, sur le cadre supérieur de la porte, de façon que la partie du ressort *b* munie du

Fig. 67.
Contact
à butoir.

morceau de corne K soit tournée vers le bas et que la porte, en s'ouvrant ou en se fermant, glisse par sa partie supérieure sur le morceau de corne K et produise, par suite, entre *a* et *b*, une communication passagère. Si les deux ressorts de contact sont unis avec les fils conducteurs d'une batterie, dans le circuit de laquelle se trouve également une sonnerie, celle-ci resonnera chaque fois que la porte, s'ouvrant ou se fermant, mettra en mouvement le morceau de corne K.

La figure 68 nous montre un autre contact à frottement. Ici aussi la disposition entière est vissée sur le cadre supérieur de la porte, de telle sorte que celle-ci, aussi bien en s'ouvrant qu'en se fermant, glisse sur le balancier P et le mette en mouvement. Dans le premier cas, le coupant extérieur *c* du balancier se place sur la plaque mobile F, fixée sur la plaque métallique à ressort A isolée, ce qui amène la communication entre les fils conducteurs *a* et *b*. La même chose arrive lorsque le balancier, en fermant la porte, est ramené vers l'intérieur, et que le coupant intérieur *c* touche la plaque.

A la place d'une sonnerie, on peut naturellement adapter tout autre appareil qui donne, sous l'influence de l'électricité, un signal pour l'oreille ou la vue.

Ainsi, il serait très agréable, le soir, en entrant dans

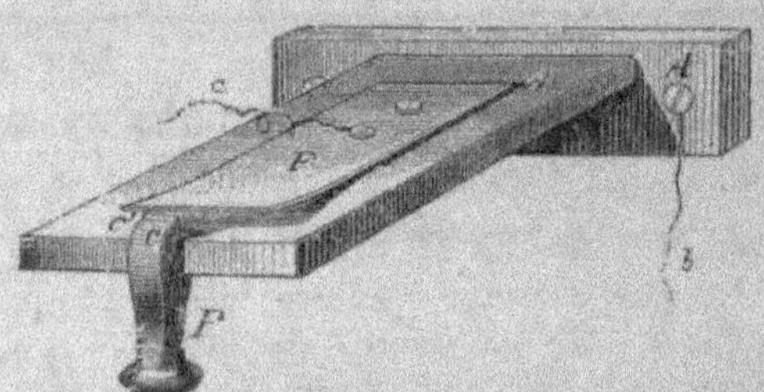

Fig. 58. — Contact à frottement.

sa chambre, de produire de la lumière, automatiquement; on peut obtenir ce résultat en employant les dispositions que nous venons de décrire à chauffer un fil de platine qui allume une lampe à essence ou même actionne une lampe à incandescence, si la batterie est assez forte.

En dehors des contacts de porte dont nous venons de parler et que l'on peut naturellement appliquer aux portes des meubles : armoires, coffres-forts, etc., on emploie souvent des contacts de marche appelés pédales.

Près de la porte d'entrée, sous une lame du plancher, on dispose un ressort d'acier, assez fort pour maintenir la planche horizontale, mais pouvant céder sous le poids d'une personne et mettant cette planche, munie en dessous d'une pièce métallique en contact avec une autre planche fixe qui retient également un des conducteurs de la batterie; il se produira une fermeture de la batterie au passage de chaque personne et la

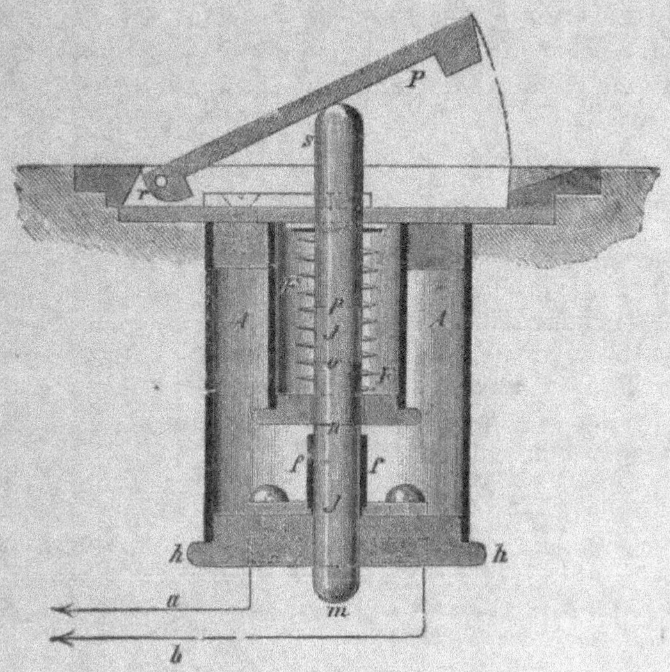

Fig. 69. — Appel par une pédale.

sonnerie intercalée dans le circuit se mettra en mouvement.

La figure 69 présente un appareil complet : disons, avant de le décrire, que la pédale P peut être remplacée par un bouton à peine saillant.

Dans une boîte en laiton AA, fermée par le bas par

la plaque de bois *hh*, se trouve suspendu, dans un ressort à spirale, le cylindre JJ. Celui-ci est fait de *m* jusqu'à *n* et d'*o* jusqu'à *p* en ébonite, et de *n* jusqu'à *o* et de *p* jusqu'à *s* en laiton. Par suite de l'abaissement de la plaque de laiton mobile P, le cylindre JJ est pressé vers le bas et sa partie métallique *no* vient se placer entre les ressorts *f* fixés sur la plaque du fond en bois *hh*; il se produit alors une fermeture de courant et le mouvement de la sonnerie est mis en activité.

Nous pourrions décrire bien d'autres dispositions, mais elles se ressemblent toutes.

Amener en contact, à un moment donné, deux parties métalliques portant chacune un des fils d'une batterie, tel est le problème : il est facile de le résoudre de bien des manières différentes.

Il nous reste, pour terminer ce chapitre, à donner quelques exemples de pose; on pourra, si compliquées qu'elles soient, déduire les installations à établir des modèles que nous donnons.

MODÈLES DE POSE :

Une sonnerie, un seul appel (fig. 70).

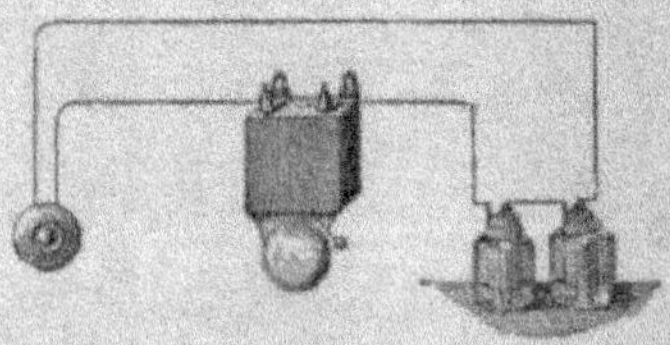

Fig. 70.

Plusieurs appels, une seule sonnerie (fig. 71).

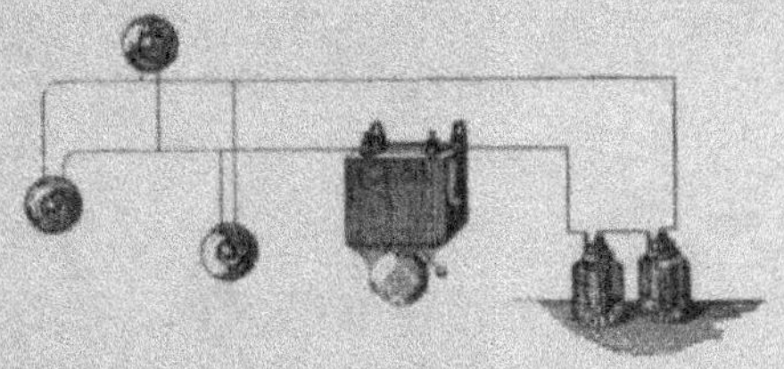

Fig. 71.

Un seul appel, deux sonneries (fig. 72).

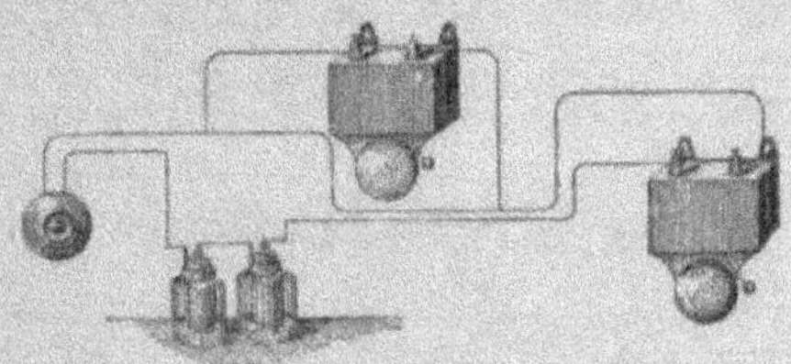

Fig. 72.

Plusieurs appels, deux sonneries et tableau indicateur (fig. 73).

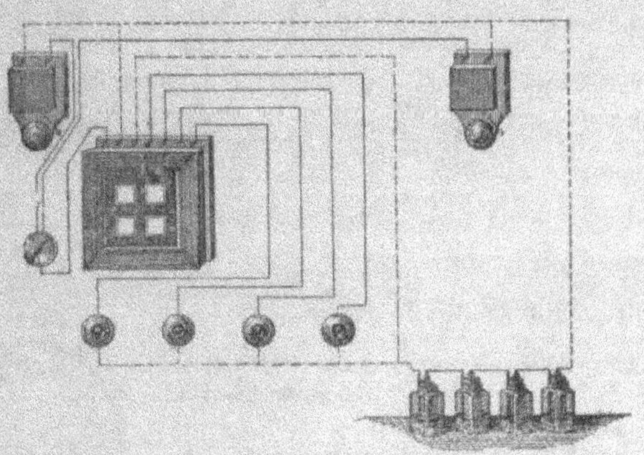

Fig. 73.

TABLE DES MATIÈRES

(N. B. — Par suite du décès de l'auteur, survenu pendant le cours
de l'impression de cet ouvrage, le chapitre IV a été augmenté par
M. Dangla, qui a bien voulu se charger de rédiger les chapitres III et
X, dont on n'avait pas tout d'abord prévu l'utilité.)

88-93 PARIS — IMPRIMERIE CHARLES BLOT, RUE BLEUE, 7.

www.ingramcontent.com/pod-product-compliance
Lightning Source LLC
LaVergne TN
LVHW050623060726
842527LV00004B/1178